烹饪技能实操

主　编　盛　娟　郑　明
副主编　向彩琴

中国财富出版社有限公司

图书在版编目（CIP）数据

烹饪技能实操 / 盛娟，郑明主编．—北京：中国财富出版社有限公司，2021.3（2024.7 重印）

ISBN 978－7－5047－5615－2

Ⅰ.①烹…　Ⅱ.①盛…　②郑…　Ⅲ.①烹饪　Ⅳ.①TS972.1

中国版本图书馆 CIP 数据核字（2021）第 043925 号

策划编辑 李彩琴　李　丽　　**责任编辑** 刘　斐　郭怡君
责任印制 尚立业　　**责任校对** 孙丽丽　　**责任发行** 杨　江

出版发行	中国财富出版社有限公司		
社　　址	北京市丰台区南四环西路 188 号 5 区 20 楼	**邮政编码**	100070
电　　话	010－52227588 转 2098（发行部） 010－52227566（24 小时读者服务）		010－52227588 转 321（总编室） 010－52227588 转 305（质检部）
网　　址	http：//www. cfpress. com. cn	**排　　版**	宝蕾元
经　　销	新华书店	**印　　刷**	北京九州迅驰传媒文化有限公司
书　　号	ISBN 978－7－5047－5615－2/TS・0111		
开　　本	787mm×1092mm　1/16	**版　　次**	2021 年 4 月第 1 版
印　　张	7	**印　　次**	2024 年 7 月第 2 次印刷
字　　数	114 千字	**定　　价**	24. 80 元

前　言

中职烹饪专业是现今职业学校的热门专业，其社会需求大，就业率高，且入学限制相对较少，故其成为热门专业，备受众多家长和学生的青睐。

但是，随着用人单位对烹饪专业人才需求的变化，人才市场对初次就业人才的实操技能水平的要求逐渐提高，职业学校在实训课程的教学上也应该充分适应这一变化。实训教材内容的开发也应充分满足工作岗位对人才的需求。

目前，烹饪专业实训课通常采用两种教学方法。

第一种是传统的“师带徒”的教学方法，也就是“师傅领进门，修行在个人”的模式。教师示范，学生观看，然后模仿教师的烹饪手法。

第二种是理论实训一体化的教学方法，即教师讲理论—示范操作流程—学生实训模仿操作流程—教师点评。

第二种教学方法较第一种教学方法有所改进，注重理论与实操相结合，然而，鉴于烹饪过程的环节较为抽象，而且一环扣一环，待教师演示完毕，学生进行实训操作时，如果对于操作关键点的掌握不牢，或者对理论理解不深入，会出现当前一个环节的操作不到位后一个环节不知如何调整的情况，教学效果也会不理想。

那么，如何编写这本教材呢?

中职烹饪专业的学生文化基础相对薄弱，学习目标不够明确，相较理论课对专业实训课更感兴趣。然而，由于缺乏对烹饪理论知识的积淀，不能够熟练地进行知识迁移，尤其对实训操作中的重点及难点掌握不到位，易遗忘，容易导致实训操作效果不够理想、实训技能习得不够扎实的情况。

针对以上情况，如何进行有效的策略改进呢?

通过强化训练任务的执行力度，采用任务单的形式，并将任务单的完成结果作为考核指标，同时采用小组教学或小组师徒制。任务体例如下：

（一）教学任务：过程示范、任务重点及难点。

（二）教学过程：操作准备、教师示范、学生训练、卫生清场、实操评价。

还可以将微课引入课堂教学，提高实训课的教学效果。微课一般设计时长为10分钟以内，时间短，知识点集中而凝练，讲解透彻，可随时观看，这样有利于激发学生的学习兴趣，使学生保持注意力集中，充分发挥学生在学习过程中的主动性、积极性和创新性，其在观看过程中掌握菜肴制作工艺的技能要点和知识要点，促进技能和知识迁移，实现技能知识体系的初步构建。

要想编出一本优秀的教材并非易事，它要求编者不仅要精通、熟悉职业岗位的素质要求，还要把握教学规律。虽然我们有良好的愿望，也竭尽全力进行教材编写，但由于水平有限，本书难免有不足之处，敬请同行专家和广大读者特别是使用本书的教师和同学们批评指正。

编　者

2020年10月

《烹饪技能实操》电子课件

目　录

单元一　原料加工

项目一　刀工训练

任务单一　磨刀训练

一、过程示范

1. 安全用刀讲解

（1）刀具管理

· 上课时，在保管教师处签字领取刀具。使用完毕，洗净擦干送入保管室，由保管教师核查签收。

· 刀具只允许在操作室内使用，任何时候不允许借离操作室。

（2）行进中安全

· 站立时，左手持刀具，手臂自然下垂，刀刃向内斜对裤缝，保持刀具静止。

· 行进中，手臂不能前后摆动，以免伤及他人。

（3）使用中安全

· 注意力高度集中，不可分心。

· 刀具放置于菜墩上时，保持刀具的任何一个部位都不超出菜墩的边缘。

· 放置刀具时，刀柄向右，刀刃向前，刀背向后，自然摆放于菜墩上。

（4）传递中安全

· 刀具需要传递给对方时，刀柄向对方，刀刃向下进行传递，这既是安全需要也是礼节需要。

2. 磨刀

· 准备：磨刀石浸足水分，刀具洗净无油。抹布折成长条形，垫在磨刀石下，保持磨刀石前低后高约 5 度的坡形。

· 方法：平推陡拉，前三后四中间拖磨，两面磨刀次数要一致。

· 步骤：先开口，后磨锋利，最后用清石抛光。

3. 磨刀效果

· 刀刃无白光，呈乌青色则锋利。

· 拇指指腹轻轻划过刀刃，摩擦力大则锋利。

· 刀刃轻轻在指甲上划过，阻力大则锋利。

· 切物时，能轻松切断原料，切面光滑则锋利。

4. 不规则刀形

（1）卷刃刀

· 成因：刀具两侧磨的次数不一致，或是磨刀时用力不均匀。

· 现象：刀刃不锋利，切时与砧面摩擦力加大，有阻力。

· 纠正：将刀具磨得少的一面多磨，将卷刃磨平。

（2）肿口刀

· 成因：磨刀时，刀具与磨刀石的夹角过大，就是常说的磨得太陡。

· 现象：切出的原料切面不光滑。

· 纠正：将刀具与磨刀石的角度收小继续磨制。

（3）月亮刀

· 成因：刀具的两头磨得太多，中间磨得少。

· 现象：刀刃中部突起呈弧形，不易切断原料或存在连刀。

· 纠正：两头少磨，中间稍多磨，尽量减小弧形。

（4）弓背刀

· 成因：刀具的中间磨得太多，两头磨得少，与月亮刀相反。

· 现象：刀具的中间凹下，两头凸起呈弓形。

· 纠正：两头稍多磨，中间少磨，尽量减小弓形。

（5）锯子刀

·成因：在粗糙的非专用磨刀工具上磨制而成。

·现象：切原料时阻力大，使用极不方便。

·纠正：用专用磨刀工具磨制。

二、任务重点及难点

安全用刀成习惯。

掌握磨刀的方法。

会磨制锋利刀刃。

任务单二　空刀练习

刀工训练－空刀练习

一、过程示范

1. 握刀训练

（1）正确握刀手法

·右手拇指与食指握紧刀箍处，其余三指握住刀柄，刀柄根部抵住掌根，握刀力度适中，不可太紧，也不可太松。

（2）正确持刀方法

·刀身、手及小手臂保持在一条直线上，并与身体成45度夹角。

（3）优点

·握刀时手腕运动较灵活，便于用力，推切时效果最为明显。

（4）讲解待切原料放置位置

·待切原料与刀身呈完全垂直的状态。

（5）讲解待用刀具放置位置

·刀背朝内、刀刃向外平放于菜墩上，整个刀身置于菜墩内，不露出菜墩边缘。

（6）左手中指指法和左手手掌掌法及其作用

·左手中指指法：指背第一关节略向手心方向弯曲，第一关节紧贴刀膛，轻按原料，下压力较小，作用在于控制和调节刀距。

·左手手掌掌法：掌根落菜墩，紧贴墩面，使重心集中在手掌上，起支撑作用。

（7）训练要求

·呈丁字步（或八字步），侧身位站立，身体自然放松，两脚自然分开，与肩同宽；做到“四个不”：头不低、腰不弯、腹不挺、膝不曲。

·待切原料与刀身呈完全垂直的状态。

·整个刀身置于菜墩内，不露出菜墩边缘。

2. 跳切训练

（1）右手单手练习

·右手握刀，运用手腕力量带动刀身，做垂直上下运动。

·手腕放松，用腕力带动整个刀身，着力点偏重于刀身的中前部。

（2）左右两手的配合练习

·左手轻松落菜墩，中指第一关节抵住刀膛，右手握刀做垂直上下运动。

·左手放松，右手动作同右手单手练习要求，刀身提起高度不超过左手中指第一关节高度。

（3）训练要求

·检测学生握刀手法。

·右手握刀，运用手腕力量带动刀身，做垂直上下运动。

·左手轻松落菜墩，中指第一关节抵住刀膛，右手握刀做垂直上下运动。

3. 推切训练

（1）右手单手练习

·右手握刀，运用手腕力量带动刀身，将刀从右后方向左前方推切练习。

·手腕放松，用腕力带动整个刀身，着力点偏重于刀身的中前部。

（2）左右两手的配合练习

·左手轻松落菜墩，中指第一关节抵住刀膛，右手握刀将刀从右后方向左前方推切练习。

·左手放松，右手动作同右手单手练习要求，刀身提起高度不超过左手中指第一关节高度。

（3）训练要求

·检测学生握刀手法。

·右手握刀，运用手腕力量带动刀身，将刀从右后方向左前方推切练习。

·左手轻松落菜墩，中指第一关节抵住刀膛，右手握刀将刀从右后方向左前方推切练习。

4. 切纸练习

（1）右手单手练习

·右手握刀，运用手腕力量带动刀身，做垂直上下运动。

·手腕放松，用腕力带动整个刀身，着力点偏重于刀身的中前部。

（2）左右两手的配合练习

·左手轻松落菜墩，中指第一关节抵住刀膛，右手握刀做垂直上下运动。

·左手放松，右手动作同右手单手练习要求，刀身提起高度不超过左手中指第一关节高度。

（3）训练要求

·检测学生握刀手法。

·右手握刀，运用手腕力量带动刀身，做垂直上下运动。

·左手轻松落菜墩，中指第一关节抵住刀膛，右手握刀做垂直上下运动。

二、任务重点及难点

运用腕力带动刀身。

掌握跳切和推切的要求。

保持正确站案姿势及握刀手法不变形。

保持用力姿势不变形。

注意左右两手的配合，注意灵活运用右手腕。

任务单三　切萝卜丝训练

一、过程示范

1. 削皮

· 左手竖拿原料，右手握刀。

2. 切片及技术要领

（1）切片

· 左手扶稳原料，右手握刀，使用合适的刀法。

· 选择小面切平面，先切出一个平面，放稳原料。

· 将萝卜平面朝下，选择大面切片，运用推切法，从右至左将萝卜切成薄片。

· 将切好的萝卜片顺势排列成瓦楞形。

（2）技术要领

· 先顺长切平面，放稳原料。

· 将萝卜平面朝下，横向放稳，运用推切法，从右至左将萝卜切成薄片。

· 将切好的萝卜片顺势排列成瓦楞形。

· 刀切进原料时确定片形的厚度。

· 刀切进原料后，慢慢前后锯切，刀要紧贴被切原料，以保证片形的完整。

· 速度不宜过快，在保证质量的基础上加快速度。

· 片形完整，四周厚薄一致，每片厚薄均匀。

3. 切丝

· 方法为跳切。

· 刀距一致，粗细均匀，两手配合要协调。

· 强调站姿要求，用力时站姿不变形。

二、任务重点及难点

实物练习，握刀及用力时姿势要规范。

重点关注切片时片形完整、厚薄均匀，避免切片不完整、厚薄不一。

用力时姿势不变形。

任务单四　切土豆丝训练

刀工训练－切土豆丝训练

一、过程示范

1. 削皮

·左手竖拿原料，右手持刀。

·拇指压刀身，食指抵刀背，其余三指紧握刀柄。

·运用右手腕力，将土豆削皮。

·注意左手五指在托稳原料的同时尽力收拢，以免伤手。

·削下的土豆皮要薄，土豆表面光滑，土豆皮落在刀膛上。

2. 切片

·左手扶稳原料，右手持刀。

·选择小面切平面，先切出一个平面，放稳原料。

·土豆平面朝下，选择大面切片，运用推切法，从右至左将土豆切成薄片。

·将切好的土豆片顺势排列成瓦楞形。

·刀切进原料时确定片形的厚度，刀切进原料后，慢慢前后锯切，刀要紧贴被切原料，以保证片形的完整，速度不宜过快，在保证质量的基础上加快速度。

·片形完整，四周厚薄一致，每片厚薄均匀。

3. 批片

·平刀批：直边在左，坡边在右；由高处往低处批；注意收刀动作轻松自然。

4. 切丝

·方法为推切。

·刀距一致，粗细均匀，两手配合要协调。

·强调站姿要求，用力时站姿不变。

二、任务重点及难点

实物练习，握刀及用力时姿势要规范。

重点关注切片时片形完整、厚薄均匀，避免切片不完整，土豆片厚薄不一。

增加腕力，加大力度时姿势不变形。

任务单五　“批”训练

刀工训练－批

一、过程示范

·左手掌伸直，四指与身体垂直，平按在原料表面，拇指靠菜墩。

·右手握刀，刀身基本平行于菜墩，食指抵刀背，拇指压刀身，其余手指紧握刀柄。

·刀刃从原料右侧批进，全刀着力，自右向左做平行运动，直到批断原料。

二、操作要领

·左手要按稳原料，不能让原料随刀具移动。

·右手握刀要稳，切忌忽高忽低。

·刀批进原料时确定片形的厚度。

·刀批进原料后，慢慢前后拉动，右手拇指压刀身，使刀身再压紧原料，以保证批片的片形完整。

·虽然要求批片要薄，但刀身不能飘。

·速度不宜过快，在保证质量的基础上加快速度。

三、成品要求

·批片的片形要完整，周边厚薄均匀，整片越薄越好。

四、任务重点及难点

右手握刀，刀身基本平行于菜墩。

重点关注批片的片形完整、厚薄均匀。

任务单六　切干丝训练

刀工训练－切干丝训练

一、过程示范

1. 整理

·将豆干四周的硬边切去，取正方形豆干备用。

2. 批片方法及技术要领

（1）批片方法

·左手轻按原料，右手握刀。

·从原料右侧入刀，刀身基本平行于菜墩，握刀要平稳，不能抖动。

·左手四指伸直，与刀身基本平行，四指轻按原料，使豆干待切部位均匀受力。

（2）技术要领

·批出的豆干薄片片形完整、无缺损、边角整齐、厚薄均匀，越薄质量越好，一块豆干批出 12～14 片薄片。

·自始至终，一块豆干从同一边进刀不可中途改变进刀方向。

·平刀批时，连续批 3～4 片豆干薄片，将批好的豆干薄片推到菜墩上，以节约时间。

·将批好的豆干薄片由右向左排列成瓦楞形。

3. 切丝方法及技术要领

（1）切丝方法

·跳切，将批好的豆干薄片切成粗细均匀的细丝。

（2）技术要领

·跳切刀距与平刀批的豆干薄片厚度一致，粗细均匀。

·左右两手配合协调。

·跳切时，刀刀出成品，无回刀现象。

·将切好的豆干细丝轻推入清水浸漂。水保持澄清不混浊。

·切干丝时将 2 片或 3 片批好的豆干薄片叠起，一次性切成细丝。

二、任务重点及难点

掌握平刀批的技法，训练细心与耐心。

要求切干丝粗细均匀、无连刀。

提高刀工处理速度，让学生掌握提速技巧。

握刀要平稳。

任务单七　榨菜丝刀工训练

一、过程示范

1. 整理

·将榨菜的老茎撕去，选择大面将原料一剖为二。

2. 平刀批

·左手轻按原料，右手握刀。

·从原料右侧入刀，刀身基本平行于菜墩，握刀要平稳，不能抖动。

·左手四指伸直，与刀身基本平行，四指轻按原料，使榨菜待切部位均匀受力。

·批出的榨菜片片形完整、厚薄均匀，越薄质量越好。

·将批好的片形小的榨菜片压在最底层，便于切丝。

·将批好的榨菜片由右向左排列成瓦楞形。

3. 切丝

· 推切，运用手腕力量，将批好的榨菜片切成粗细均匀的丝，运用推切法，为后面切肉丝训练做准备。

· 推切刀距与平刀批的榨菜片厚度一致、粗细均匀。

· 榨菜盐分重，用清水漂去部分盐分。

二、任务重点及难点

掌握平刀批的技法。

加强平刀批技法的练习。

加强平刀批技法两手配合的练习。

任务单八　肉丝（里脊丝）刀工训练

一、过程示范

刀工训练－切里脊丝训练

1. 整理

· 将里脊肉的背筋择去，留净里脊背肉，准备刀工处理。

· 将净里脊背肉改刀成约 10cm 长的段，准备刀工处理。

2. 平刀批

· 左手四指伸直，与刀身基本平行，四指按稳净里脊背肉段，使净里脊背肉段待切部位均匀受力。左手中指与食指间留缝隙，便于观察净里脊背肉段批片的厚薄。

· 右手握刀，刀身基本平行于菜墩，刀从净里脊背肉段右侧切进，自右向左批出净里脊背肉段薄片。

· 顺势将批好的净里脊背肉段薄片向左做翻书式排列，中间留有少部分净里脊背肉没有完全断开。

· 右手握刀要平稳，不能抖动。

· 批出的净里脊背肉段薄片形态完整、厚薄均匀，厚度约为 0.3cm。

3. 切丝

· 推切，将刀先慢慢切进净里脊背肉段薄片，再从右后方向左前方推去，直至推断净里脊背肉段薄片。

· 运用手腕力量，将净里脊背肉段薄片推切成粗细均匀的肉丝。

· 推切刀距与平刀批的净里脊背肉段薄片厚度一致、粗细均匀。

二、任务重点及难点

熟练运用平刀批的技法批出形态完整、厚薄均匀的净里脊背肉段薄片。

推切时，手腕要灵活。

任务单九　蓑衣花刀训练

一、过程示范

1. 整理

· 将白萝卜改刀成长约 12cm、宽约 4cm、高约 1.5cm 的长方块。

2. 示范讲解

· 在原料的一面（反面），用直刀剞上一条条平行的直刀纹，刀距约 0.2cm，深度约为原料厚度的 2/3，如图 a 所示。

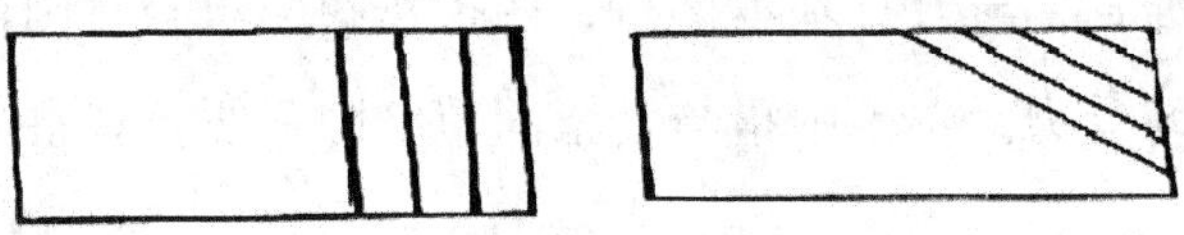

a　　　　b

· 把原料翻过面来（正面），在这一面仍用直刀剞上一条条与底边约呈 30 度夹角的直刀纹，刀距约 0.2cm，深度约为原料厚度的 2/3，如图 b 所示。

· 两手轻拉原料，即形成蓑衣花刀，如图 c 所示。

c

二、任务重点及难点

掌握剞刀刀法。

把控好正、反两面直刀纹相交的角度。

任务单十　滚料批训练

一、过程示范

1. 整理

· 将白萝卜改刀成长约 10cm 的圆柱形料备用。

2. 示范讲解

· 左手按住原料表面，右手放平刀身，如图 a 所示；刀刃从原料右侧底部批进，左手扶住原料向左滚动，如图 b 所示；边批边滚，直至批成薄的长条片，如图 c 所示。

a

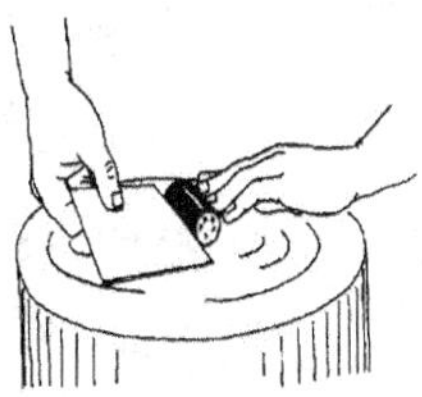

b

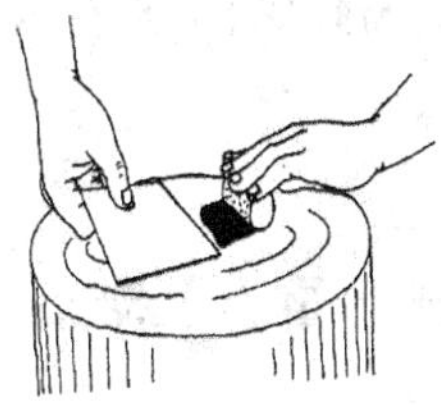

c

二、任务重点及难点

注意左右两手的配合。

保持握刀平稳。

任务单十一　鱼的初加工训练

一、过程示范

1. 刮鱼鳞

·鱼头朝左，运用刀的前部，沿着逆鱼鳞的方向，由鱼尾部向鱼头部推去鱼鳞。

·鱼胸鳍部及靠近鱼鳃盖部的鱼鳞要去净。

2. 去鱼鳃

·运用刀的前部，将鱼鳃的一端顶断，翻刀档，将鱼鳃由鳃盖内翻出，再用左手摘去鱼鳃的另一端点。

·要清楚鱼鳃的结构，便于有的放矢，去净鱼鳃。

3. 去鱼内脏

·鱼尾朝前，鱼腹朝右，从鱼泄仔孔入刀，分开鱼两边胸鳍，直至鱼下腭部，剖开鱼腹部。将刀紧贴鱼的内肚，将鱼内脏推出鱼腹腔。

·直接用刀推出鱼内脏，但注意不要弄破鱼胆。

4. 洗涤

·将鱼的腹腔冲洗干净，将鱼鳃盖内的血水及污物洗掉，除去鱼腹腔内的黑衣。

二、任务重点及难点

掌握去鱼鳃与去鱼内脏的手法。

项目二　翻锅训练

任务单一　托锅训练

一、过程示范之一（教师讲解并示范）

1. 总体要求

·手臂保持垂直，锅檐保持水平，锅身平稳不晃动。

2. 手势

·左手托锅，拇指弯曲，其余四指尽力展开伸直，做阿拉伯数字“4”的手势。

·大拇指握住锅檐与锅耳交接处，其余四指尽力展开托住锅底。

3. 站姿

·身体直立，左手大臂自然下垂，小臂保持水平，掌心向上，全手拖锅。

4. 分步要求

·按要求姿势托锅，教师逐一纠正学生动作。

·45 秒托锅持久练习，依学生情况，练习 4 ~ 5 组。

·1 分 10 秒托锅持久练习，依学生情况，练习 4 ~ 5 组。

·1 分 30 秒托锅持久练习，依学生情况，练习 4 ~ 5 组。

二、过程示范之二（教师演示并讲解）

1. 方法

·在托锅姿势保持正确的基础上，全手臂保持静立不动，运用手腕力量，支配全锅慢速向上垂直或向下垂直运动。

2. 要求

·动作缓慢，保持匀速。

3. 训练步骤

· 托锅，向上运动，三个节拍到位。

· 托锅，向下运动，三个节拍到位。

· 托锅，由上至下运动，五个节拍到位，反之则相同。

三、过程示范之三（请学生演示并讲解）

学生进行托锅的复习。

学生进行 2 分钟托锅持久示范。

四、练习考核

1. 耐力训练

· 1 ~2 分钟耐力托锅练习，尽量坚持到 2 分钟的规定时间。

· 尽己所能坚持到时间最长，尝试挑战个人极限。

2. 持久练习考核

· 全体学生进行 2 分钟托锅持久练习考核，并详细记录考核成绩。

· 考核要求：左手托锅，中途无歇息，达到 2 分钟为考核通过，右手扶锅一次加 5 秒考核时间，没通过的学生反复重考，直到通过为止。

3. 注意事项

· 训练中劳逸结合，适当进行手掌、手臂的休息和放松，以免受伤。

五、任务重点及难点

掌握托锅的方法。

形成正确的托锅姿势并养成正确的托锅习惯。

任务单二　颠翻训练

一、过程示范

1. 示范讲解

· 左手托锅，运用手腕力量，利用惯性，让锅小幅度上下晃动并带动锅中的沙子翻动，动作要连贯、有节奏，沙子翻动要均匀。

2. 练习要求

· 锅身基本保持平稳，左手手腕与手臂配合，节奏感强，压住节拍，沙子轻松翻动，沙子翻起的高度适中，仅够沙子整体基本翻起。

3. 分组练习

· 先用右手摸索方法，感受技巧的要领。

· 摸索到技法的要领时，换用左手练习。

· 在沙子能够翻动时，进一步解决翻动沙子的高度及锅身晃动幅度的问题。

4. 检测要求

· 大锅检测：一次性颠翻 30 下。

· 小锅检测：一次性颠翻 50 下。

· 节奏感强，压住节拍，沙子轻松翻动，沙子翻起的高度适中。

二、任务重点及难点

掌握翻锅的方法。

形成正确的翻锅姿势，养成正确的翻锅习惯。

任务单三　旋翻训练

翻锅训练－旋翻

一、过程示范

1. 旋

· 左手托锅，锅中留少许沙子，保持锅檐水平，顺时针旋动锅身，让锅身带动锅中的沙子旋起。

· 左手水平方向旋（即锅沿着水平方向顺时针画圆）。

2. 旋翻

· 在掌握了旋的技术的基础上，在沙子旋动一圈半时，顺势大晃锅身，让锅中的沙子一次性全部翻过来，尽量保持沙子整体形态完整。

· 动作连贯，轻松自如。

3. 检测要求

· 连续旋翻，中间不停顿，无失败的操作。

· 5 个旋翻为基础记分，不足 5 个旋翻不记分。

· 动作连贯，中途无多余动作。

· 沙子翻过来形态完整。

4. 检测步骤

· 依学号顺序检测，指出每个学生的不足，并督促加强练习改正。

· 依次开始检测。

二、任务重点及难点

保持动作连贯，轻松自如。

任务单四　颠翻手勺配合训练

翻锅训练－手勺配合训练

一、过程示范

1. 手法

· 左手托锅，右手持手勺，持手勺手法基本同于握刀手法，便于手腕灵活运动。

· 左手水平方向旋（即锅沿着水平方向顺时针画圆）。

· 左手作颠翻动作，右手持手勺进行配合，以减轻左手的压力，使锅中的沙子能够灵活颠翻。

2. 要领

· 锅、沙子和手勺在操作中方向基本一致，主要用右手减轻左手翻锅的压力，便于实际操作中原料量大时进行翻炒。

· 左右两手配合协调一致，有节奏感。

3. 步骤

· 练习右手持勺，空锅两手配合（锅离灶台）。

· 锅中盛少量沙子，左右两手配合颠翻。

· 锅中盛大量沙子，左右两手配合颠翻。

二、任务重点及难点

掌握颠翻手勺配合的手法。

形成正确的颠翻手勺配合姿势，养成正确的颠翻手勺配合习惯。

任务单五　托锅翻手勺配合训练

一、过程示范

1. 托锅翻手勺配合要求

· 手法：左手托锅，锅底不离灶台，右手持手勺，手腕灵活运动。

· 方法：左手托锅，锅底不离灶台作颠翻动作，右手持手勺进行配合，以减轻左手的压力，使锅中的沙子能够灵活颠翻。

2. 要领

· 左手托锅在灶台上做前推后拉的动作，带动锅中沙子抖动，用右手所持手勺推动沙子的翻动，便于实际操作中原料量大时进行翻炒。

· 左右两手配合协调一致，有节奏感。

· 锅底始终不离灶台，且锅抖动时无锅扣灶台的响声。

3. 步骤

· 练习右手持勺，空锅两手配合（锅不离灶台架）。

· 锅中盛大量的沙子，左右两手配合颠翻。

二、任务重点及难点

保持动作连贯，轻松自如。

单元二　烹调技术

项目一　炒、爆、熘技术类型

任务单一　雪菜蚕豆米肉丝

一、过程示范

· 原料：瘦肉 150g、雪菜 150g、蚕豆米 100g。

· 调料：盐、味精、鸡精、生抽、胡椒、猪油、干尖椒、姜、葱适量。

· 烹调方法：炒。

· 味型：咸鲜带辣。

· 成菜特点：创新菜，风味独特，售价适中，极受欢迎。

1. 制作方法

（1）瘦肉切丝。

（2）雪菜漂洗去除多余盐分后切末备用。

（3）蚕豆米飞水后冲凉。

（4）净锅下入雪菜焙干水分盛出备用。

（5）净锅下入猪油滑勺，先下干尖椒小火炒香，再下瘦肉丝炒干水分。

（6）下雪菜末及各种调味品炒香，最后下入蚕豆米炒匀装盘。

2. 操作要领

（1）雪菜要将内部水分焙干，以去除酸味，提升鲜味。

（2）因为加了雪菜，所以炒制调味时要少加盐。

二、任务重点及难点

熟练运用炒的手法。

合理掌握多种主料成菜的成熟度。

任务单二　青椒肉丝

一、过程示范

·原料：瘦猪肉 300g，青椒 100g。

·调料：色拉油、料酒、酱油、白糖、味精、胡椒、盐、葱、姜、蒸鱼豉油、蚝油适量。

·烹调方法：生炒。

·味型：咸鲜微辣。

·成菜特点：肉丝色泽酱红，青椒色泽翠绿，盘底少汁。

1. 制作方法

（1）青椒去籽，去蒂，切丝，将青椒丝下锅煸炒至熟（断生）即出锅备用。

（2）瘦猪肉切成丝备用。

（3）净锅上火，滑油，姜炝锅，将肉丝下锅煸炒，迅速下入各种调料，待肉丝成熟时下入青椒丝，翻炒均匀即装盘，撒适量葱段成菜。

2. 操作要领

（1）生炒时，火候掌握要旺火热油，短时成菜，以防肉丝煸炒时间过长而肉质变老。

（2）芡汁恰当，成菜时盘底少汁或无汁。

二、任务重点及难点

掌握生炒的火候。

任务单三　爆猪肝

一、过程示范

· 原料：猪肝 300g，青椒 100g。

· 调料：盐、淀粉、酱油、醋、味精、黄酒、料酒、葱、姜、蒜、色拉油适量。

· 烹调方法：爆。

· 味型：咸鲜味。

· 成菜特点：卤汁紧裹原料，口感脆嫩爽口。

1. 制作方法

（1）猪肝洗净，切柳叶片上浆（上浆用盐、淀粉、酱油）。

（2）青椒切菱形片，蒜切泥，姜切末，葱切段。

（3）调红色兑汁芡：用黄酒、味精、盐、醋、料酒、蒜泥、姜末、淀粉调制。

（4）青椒飞水备用。

（5）热锅烧油至六成热，将浆好的猪肝过油，滑散即出锅备用。

（6）锅内留底油，烹入兑汁芡，将猪肝、青椒下锅，翻拌均匀，撒适量葱段。

（7）成菜装盘。

2. 操作要领

（1）切成柳叶片的猪肝要求片薄、片稍大。

（2）盘底少汁或无汁，芡汁恰当。

（3）爆炒菜须旺火快速加热成菜。

二、任务重点及难点

掌握兑汁芡的浓度。

掌握猪肝过油时的油温。

任务单四　酸辣鱿鱼卷

一、过程示范

·原料：水发鱿鱼 300g。

·调料：盐、味精、鸡精、生粉、老抽、陈醋、水淀粉、干尖椒、红油、蒜、葱适量。

·烹调方法：炒。

·味型：咸鲜酸辣。

·成菜特点：口感软糯。

1. 制作方法

（1）鱿鱼去头、尾后一改为二（大鱿鱼一改为三），撕刮去膜、去明骨、去鱿鱼眼后，在鱿鱼净肉的凹面打上麦穗花刀［将鱿鱼直放，从右上角起刀，先斜刀剞（刀躺低倾斜 45 度），再转约 90 度，用直刀剞，要求斜刀刀距疏、直刀刀距密。斜刀、直刀的进刀深度一致］，再横改成两指宽的块。鱿鱼的须要改刀成条。

（2）鱿鱼块、鱿鱼条先焯开水烫卷成形后沥出，拍少量干生粉，再用高温油短时略炸后沥出备用。

（3）净锅滑油下入干尖椒煸香，再下入兑汁（兑汁用盐、味精、鸡精、老抽、陈醋、水淀粉、蒜末调制）炒匀，下入鱿鱼块、鱿鱼条，用大火快速炒匀，淋红油后装盘撒上适量葱段成菜。

2. 操作要领

鱿鱼剞麦穗花刀时要遵循上述制作方法，否则成形不美观。

二、任务重点及难点

掌握剞鱿鱼花刀的技巧。

任务单五　铁板蟠龙茄子

一、过程示范

·原料：茄子400g、洋葱50g、青椒10g、红椒10g。

·调料：色拉油、盐、味精、鸡精、生抽、豆瓣酱、小葱、淀粉、姜、蒜适量。

·烹调方法：炒。

·味型：咸鲜微辣。

·成菜特点：形似蟠龙，口感软糯，咸鲜香烫，豆瓣香浓。

1. 制作方法

（1）茄子去蒂，打上蓑衣花刀。

（2）用七成油温将茄子油炸脱水捞出备用。

（3）姜蒜炝锅，下入豆瓣酱炒到出红油，下水，调味，放盐、味精、鸡精、生抽，下入炸好的茄子，小火烧入味，表面撒适量青、红椒末及小葱葱花。

（4）铁板烧热后撒入洋葱丝，倒上茄子即成。

2. 操作要领

（1）打蓑衣花刀时正反两面刀纹交叉角度约30度。

（2）油炸茄子时茄子稍变软缩小即可捞出，不可久炸，否则易散。

（3）烧铁板时注意安全。

二、任务重点及难点

掌握蓑衣花刀的刀法。

任务单六　虎皮辣椒

一、过程示范

·选料：芜湖薄皮辣椒750g。

· 调料：盐、味精、鸡精、蚝油、蒸鱼豉油、蒜适量。

· 烹调方法：炕。

· 味型：咸鲜香辣（麻辣）味。

· 成菜特点：咸鲜带辣，辣椒软糯。

1. 制作方法

（1）辣椒一剖为二，滑油，再干炕至表皮出虎皮斑，烹入兑汁翻拌均匀后装盘。

（2）兑汁用盐水、味精、鸡精、蚝油、蒸鱼豉油、蒜调制。

2. 操作要领

辣椒干炕至表皮出虎皮斑。

二、任务重点及难点

掌握虎皮辣椒的炕制要点。

任务单七　油爆腰花

一、过程示范

· 原料：新鲜猪腰 300g（不用“血腰”或漂了水的猪腰）、青椒 50g。

· 调料：黄酒、料酒、醋、盐、淀粉、味精、葱、姜、蒜、色拉油适量。

· 烹调方法：爆。

· 味型：咸鲜味。

· 成菜特点：咸鲜蒜香浓郁，卤汁紧裹原料，口感脆嫩爽口。

1. 制作方法

（1）猪腰洗净，平剖，从内面批去腰臊。

（2）青椒切菱形片，蒜切泥，姜切末，葱切段。

（3）调制红色兑汁芡：使用黄酒、味精、盐、醋、料酒、蒜泥、姜末、淀粉调制。

（4）猪腰上淀粉浆备用。

（5）青椒飞水备用。

（6）热锅烧油至六成热，将浆好的猪腰过油，滑散即出锅备用。

（7）锅内留底油，烹入兑汁芡，将原料下锅，翻拌均匀，撒适量葱段，成菜装盘。

2. 操作要领

（1）滑油要注意高温短时，成菜只需九成熟。

（2）爆炒注意旺火快速加热成菜。

二、任务重点及难点

熟练运用爆炒的手法。

掌握多种原料成菜的成熟度。

任务单八　回锅肉

一、过程示范

· 原料：卤猪五花肉 300g（坐板肉）、洋葱 50g、青红椒各 20g。

· 调料：盐、味精、鸡精、生抽、甜面酱、豆瓣酱、姜适量。

· 烹调方法：炒。

· 味型：咸甜味。

· 成菜特点：口味咸甜，酱香浓郁，回味久长。

1. 制作方法

（1）五花肉卤熟（或是煮熟），切成长约 2.5cm、宽约 1.5cm、厚约 2mm 的薄片。

（2）洋葱、青红椒切菱形片，飞水备用。

（3）净锅下五花肉，炒成灯盏窝状，透出油，再下姜末以及豆瓣酱、甜面酱炒制，调味（用盐、味精、鸡精、生抽）下青红椒、洋葱炒匀即可。

2. 操作要领

（1）五花肉片形要薄，才能形成灯盏窝状。

（2）掌握好熟炒的火候。

二、任务重点及难点

掌握熟炒的要领。

任务单九　茄汁鱼块

一、过程示范

·原料：鲩鱼（1000～1500g），鸡蛋2个。

·调料：料酒、色拉油、盐、味精、面粉、淀粉、番茄酱、糖、姜、葱、蒜、水适量。

·烹调方法：熘。

·味型：酸甜味。

·成菜特点：酸甜味醇，外焦里嫩。

1. 制作方法

（1）整鱼改刀成一寸见方的块（约3.3cm×3.3cm×3.3cm），用姜片、葱结、盐、料酒码味。

（2）调制全蛋糊：使用鸡蛋、面粉、淀粉、盐、味精、水调制。

（3）将码味的鱼块蘸全蛋糊。

（4）净锅烧油至六成热，将蘸了全蛋糊的鱼块逐块入锅，炸至表面金黄时捞出备用，将油温升至八成热，将鱼块重新过油，出锅沥油备用。

（5）姜蒜炝锅，下入番茄酱炒至出红油，下水，调味（用糖、盐、味精），勾浓芡，冲热油，将炸好的鱼块入锅翻拌均匀成菜装盘。

2. 操作要领

（1）掌握炸鱼块时的火候，高温出锅。

（2）掌握番茄酱汁的调制。

二、任务重点及难点

掌握熘的要领。

任务单十　菊花鸡肫

一、过程示范

· 原料：鸡肫 400g、青红椒各 100g。

· 调料：盐、酱油、料酒、味精、胡椒、色拉油、淀粉、葱、姜、蒜适量。

· 烹调方法：爆。

· 味型：咸鲜味。

· 成菜特点：口感脆爽，菜肴形似菊花。

1. 制作方法

（1）鸡肫洗净，去筋，剞菊花刀，上淀粉浆。

（2）青红椒切菱形片。

（3）鸡肫用七成油温过油，青红椒片飞水。

（4）姜、蒜炝锅，下水，放入盐、酱油、料酒、味精、胡椒调咸鲜味，勾芡，待淀粉糊化后下入原料，翻炒均匀撒适量葱花成菜。

2. 操作要领

旺火短时成菜，保持鸡肫脆爽的口感。

二、任务重点及难点

掌握菊花刀的剞法。

掌握爆菜的要领。

任务单十一　泡椒炒仔鸡

一、过程示范

·原料：三黄鸡1只（约700g）、泡蒜苗10g、鲜蒜苗10g、野山椒5g、泡子姜5g、泡蒜子5g、葱姜蒜各5g、青红杭椒各20g。

·调料：盐、蚝油、辣妹子、胡椒粉、鸡精、味精、老抽、十三香、色拉油适量。

·烹调方法：炒。

·味型：咸鲜带酸辣。

·成菜特点：鸡丁略有嚼劲，味醇厚。

1. 制作方法

（1）三黄鸡剁丁，使用盐、味精、鸡精、老抽、蚝油、姜、葱腌制鸡丁20分钟，然后鸡丁过油至熟，鲜蒜苗切成节，青红杭椒斜切均过油备用。

（2）用姜片、蒜片炝锅，下入所有配料及泡菜（均切丁），下入调料，下鸡丁炒匀，淋油出锅。

2. 操作要领

鸡肉剁丁不要大，用中火炒制，不另外加水炒。

二、任务重点及难点

掌握炒的方法。

任务单十二　油爆鳝花

一、过程示范

·原料：鳝鱼500g、青椒25g、红椒25g。

·调料：盐、味精、鸡精、老抽、生抽、蒜茸、淀粉、色拉油适量。

·烹调方法：爆。

·味型：咸鲜味。

·成菜特点：咸鲜、蒜香、脆爽。

1. 制作方法

（1）鳝鱼腹杀后去骨、头、尾，在净肉上剞麦穗花刀，再切成菱形片备用。

（2）青椒、红椒均切成菱形片备用。

（3）鳝片下锅前上淀粉浆，高温短时滑油沥出备用。

（4）使用上述调味品和淀粉兑成咸鲜味的兑汁。净锅加适量油，锅中下入兑汁、鳝片、青红椒片，大火翻炒均匀，淋油起锅装盘。

2. 操作要领

滑油时要注意高温短时。

二、任务重点及难点

掌握爆的火候，掌握鳝鱼去骨的操作技法。

任务单十三　鱼香肉丝

菜肴制作－鱼香肉丝

一、过程示范

·原料：猪后腿瘦肉300g、水发冬笋50g、水发黑木耳20g。

·调料：盐、味精、鸡精、糖、陈醋、老抽、泡红椒（可加野山椒）、红油、姜、葱、蒜、淀粉、色拉油适量。

·烹调方法：滑炒。

·味型：鱼香味。

·成菜特点：口味咸甜酸辣兼备，姜、葱、蒜味突出。

1. 制作方法

（1）猪后腿瘦肉去筋膜后切细丝，上水粉浆（加盐、老抽、味精、淀粉用手抓上劲）再用中温油滑油沥出备用，水发冬笋去表面老皮后切丝，水发黑木耳择洗干净后切丝。

（2）净锅留底油，下入泡红椒和兑汁（兑汁用盐、味精、鸡精、糖、陈醋、淀粉、姜末、蒜粒调制）搅匀，再下入肉丝、配料丝，一起旺火快速炒匀，淋入少许红油，撒入适量葱花后起锅装盘。

2. 操作要领

（1）要选猪后腿的瘦肉而非里脊肉。

（2）姜、葱、蒜量要多以突出香味。

二、任务重点及难点

掌握鱼香味的调制。

任务单十四　宫保鸡丁

一、过程示范

· 原料：鸡腿 400g、花生米 50g、鸡蛋 1 个、大葱 20g。

· 调料：黄酒、料酒、盐、味精、糖、陈醋、姜、淀粉、色拉油、干尖椒适量。

· 烹调方法：爆。

· 味型：煳辣味（带小酸甜）。

· 成菜特点：肉质嫩爽，花生米酥脆，口味咸中带小酸甜。

1. 制作方法

（1）鸡腿去骨，改刀成拇指大小的丁，上全蛋浆。

（2）花生米炒熟。

（3）鸡丁用六成油温过油。

（4）调制红色兑汁（用黄酒、味精、盐、陈醋、料酒、姜末、糖、淀粉调制）。

（5）锅内留底油，姜炝锅，下入干尖椒，炒至出辣味、干尖椒略带煳味，烹入红色兑汁，将鸡丁下锅，翻拌均匀，烹入陈醋，下花生米翻炒均匀，撒适量葱段，起锅装盘。

2. 操作要领

（1）鸡腿去骨，做到骨不带肉、肉不带骨。

（2）花生米不可在锅中炒制时间过长，下锅翻炒均匀即可。

二、任务重点及难点

掌握爆菜的火候要领，掌握鸡腿去骨的方法。

任务单十五　豆瓣炒鸡粒

一、过程示范

· 原料：鸡脯肉 300g、韭黄 20g、蚕豆米 30g、红椒 20g、鸡蛋 1 个。

· 调料：豆瓣酱、盐、味精、蚝油、老抽、色拉油、白糖、姜、淀粉适量。

· 烹调方法：滑炒。

· 味型：咸鲜微辣味。

· 成菜特点：色泽酱红，鸡粒嫩爽，鲜味醇厚。

1. 制作方法

（1）鸡脯肉去筋膜，切粒（略比丁小一点），用盐、味精、蚝油、白糖（少许）、老抽、鸡蛋上浆备用。

（2）韭黄切 2cm 长的段，红椒切丁备用。

（3）蚕豆米、红椒丁焯水，冲凉备用。

（4）四成油温时鸡肉粒滑油备用。

（5）锅内留底油，姜片炝锅，下豆瓣酱炒出红油，下入红椒丁、鸡肉粒、蚕豆米炒匀调味，勾芡淋油，下入韭黄翻炒均匀起锅装盘。

2. 操作要领

（1）蚕豆米选择色绿质嫩的。

（2）韭黄用于增添香味，勾芡后入锅，炒至似熟非熟，不宜完全炒熟。

（3）装盘适宜用能够持续加热的器皿，以保证菜肴的品质。

（4）配菜选择韭黄而非蒜黄。

（5）上浆用蚝油和老抽，成菜色泽浓亮。

二、任务重点及难点

掌握滑炒的火候。

任务单十六　风味辣子鸡

一、过程示范

· 原料：仔鸡500g。

· 调料：盐、料酒、味精、鸡精、生抽、胡椒、辣椒王、红油、生粉、姜、葱、色拉油适量。

· 烹调方法：炒。

· 味型：咸鲜味。

· 成菜特点：主料、辣椒各占一半，以辣味为主。

1. 制作方法

（1）仔鸡剁成约2cm×3cm×2cm的丁，用盐、料酒、姜、葱腌入味，再拍生粉。

（2）处理好的仔鸡丁入油锅炸至表皮酥脆，捞出沥油，再复炸一次备用。

（3）锅中下红油、辣椒王，小火炒至微变黄色、出香味时，下入炸好的仔鸡丁，下入生抽、味精、鸡精、胡椒，中火炒入味，起锅装盘。

2. 操作要领

炒制时不要加水。

二、任务重点及难点

掌握炸收的火候。

任务单十七　杭椒牛柳

一、过程示范

· 原料：牛里脊肉500g、杭椒400g。

· 调料：盐、味精、嫩肉粉、蚝油、美极鲜酱油、老抽、色拉油、淀粉适量。

· 烹调方法：滑炒。

· 味型：口感滑爽。

· 成菜特点：一菜双色，杭椒翠绿，牛柳酱红，口感滑爽。

1. 制作方法

（1）将牛里脊肉切成约0.8cm宽的条（牛柳），洗净血水，用盐、味精、嫩肉粉、老抽、蚝油上浆备用。

（2）杭椒去蒂洗净，两头略修至整齐。

（3）锅烧油至六成热，下入杭椒炸至起虎皮捞起备用，下入牛柳滑油捞出备用，锅内留底油，下入杭椒，下入美极鲜酱油、味精、盐，炒入味垫底，下牛柳再下蚝油、老抽炒至上色，收芡起锅装盘。

2. 操作要领

选用大小均匀、颜色翠绿、皮薄的杭椒，不辣。

二、任务重点及难点

掌握并熟练运用牛柳上浆的技法。

任务单十八　雪菜豆瓣炒鱼乔（鳝鱼）

一、过程示范

· 原料：中等粗细的鳝鱼150g、雪菜150g、蚕豆米100g。

· 调料：盐、味精、鸡精、生抽、美极鲜酱油、胡椒粉、猪油、干尖椒、姜、葱适量。

·烹调方法：炒。

·味型：咸鲜微辣。

·成菜特点：鱼肉甘香、有嚼劲。

1. 制作方法

（1）鳝鱼腹杀去内脏，搌干外表水分，拍、剁成长约0.8cm的丁，滑油捞出备用。

（2）净锅热油，下鳝鱼，加调味料（以生抽、美极鲜酱油为主）炒制。

（3）再放入提前炒好的雪菜和提前煮好的蚕豆米同炒。

2. 操作要领

中火炒制鳝鱼，炒制过程中不加水，只用液态调料。

二、任务重点及难点

熟练运用炒的手法。

掌握多种原料成菜的成熟度。

任务单十九　葱姜炒花蟹

一、过程示范

·原料：花蟹500g。

·调料：盐、味精、鸡精、料酒、淀粉、姜、葱、色拉油适量。

·烹调方法：滑炒。

·味型：咸鲜。

·成菜特点：鲜香嫩滑、唇齿留香。

1. 制作方法

（1）花蟹进行初加工，斩件，将蟹壳拍松，加盐、料酒腌渍20分钟，花蟹断肢处拍淀粉，油炸定形备用。

（2）锅内留底油，下姜丝、葱段炒香，下入处理好的花蟹、再下盐、味精、鸡精、料酒炒匀即可。

2. 操作要领

花蟹要去鳃、去肺、处理干净。

二、任务重点及难点

掌握花蟹改刀的操作技法。

任务单二十　素三鲜混烧

一、过程示范

· 原料：玉米棒 200g、土豆 200g、紫茄子 200g、青椒 200g。

· 调料：盐、味精、美极鲜酱油、生抽、姜、小米泰椒、色拉油适量。

· 烹调方法：炒。

· 味型：鲜香。

· 成菜特点：创新菜，风味独特，售价适中，极受欢迎。

1. 制作方法

（1）土豆去皮，修成椭圆形，切厚片，紫茄子、青椒均切滚刀块，玉米棒（用于点缀）横切厚片，四种原料分别滑油备用。

（2）净锅热油，将四种原料一起下锅加调料略炒。

2. 操作要领

保持咸鲜微辣的口感。

二、任务重点及难点

掌握混烧的技巧。

任务单二十一　湘江小炒肉

一、过程示范

· 原料：青椒 100g、五花肉 300g。

· 调料：盐、味精、鸡精、生抽、老抽、蚝油、蒜、猪油适量。

· 烹调方法：小炒。

· 味型：味鲜美。

· 成菜特点：干香微辣，回味长。

1. 制作方法

（1）五花肉去皮切片。

（2）将切片五花肉入锅加盐、味精、鸡精、生抽、老抽炒上色、炒入味盛出备用。

（3）青椒滚切成片，入锅用少量猪油炒绵，再下入猪油、炒好的五花肉片、下味精、鸡精、生抽、老抽、蚝油、蒜片一起炒匀起锅装盘。

2. 操作要领

（1）为突出鲜味，应加量放入味精和鸡精。

（2）青椒要炒绵后再调味。

二、任务重点及难点

掌握小炒的操作技法。

任务单二十二　石锅杏鲍菇

一、过程示范

· 原料：杏鲍菇 300g、五花肉 100g、青椒 20g。

· 调料：辣妹子、阿香婆牛肉酱、蚝油、老抽、野山椒、美极鲜酱油、色拉油适量。

· 烹调方法：小炒。

· 味型：咸鲜酱香。

· 成菜特点：创新菜，风味独特，售价适中，极受欢迎。

1. 制作方法

（1）将杏鲍菇切成较大薄片、五花肉去皮切薄片。

（2）将切好的杏鲍菇炸至水分稍干，沥油备用。

（3）将五花肉入锅煸熟，下辣妹子、野山椒炒香，加入炸好的杏鲍菇，放入其他调料、原料，炒至水分稍干，放入石锅（砂钵），将石锅（砂钵）烧热即可。

2. 操作要领

（1）五花肉要切薄片。

（2）杏鲍菇切成较大薄片，厚度比五花肉片略厚。

二、任务重点及难点

掌握小炒的操作技法。

熟练运用小炒的操作技法。

任务单二十三　榄菜肉末四季豆

一、过程示范

· 原料：四季豆 300g、榄菜 10g、猪肉末 50g、红椒 20g。

· 调料：盐、味精、鸡精、葱、姜、色拉油适量。

· 烹调方法：滑炒。

· 味型：口味咸鲜。

· 成菜特点：创新菜，风味独特，售价适中，极受欢迎。

1. 制作方法

（1）四季豆切丁，用中温油炸至起皮、打皱捞出，再飞水一次备用。

（2）红椒、榄菜切丁煮熟备用。

（3）净锅留底油，下姜末、葱末炝锅，下入猪肉末煸酥（煸至其色微黄时），下入四季豆丁炒干水分，加入盐、味精、鸡精、榄菜丁，一起炒匀起锅装盘，用熟红椒丁点缀即成。

2. 操作要领

（1）生四季豆含皂素和凝集素，误食会中毒，所以要彻底加热至熟。

（2）猪肉末要煸酥，口感才更香。

（3）炒制菜肴时不要加水。

二、任务重点及难点

掌握四季豆的制作技巧。

任务单二十四　珊瑚青鱼

一、过程示范

· 原料：青鱼2000g。

· 调料：盐、糖、番茄酱、大红浙醋、浓缩橙汁、料酒、生粉、姜、葱、色拉油适量。

· 烹调方法：熘。

· 味型：甜酸。

· 成菜特点：颜色金红、外酥里嫩。

1. 制作方法

（1）青鱼进行初加工，取半边带皮的净肉裁整齐，修成珊瑚形，用盐、料酒、生粉、姜、葱腌渍入味，再拍匀生粉。

（2）宽油高温将处理好的青鱼入锅炸定形捞出沥油，复炸一次后装盘备用。将糖、番茄酱、大红浙醋、浓缩橙汁、少量盐入锅搅匀，勾成玻璃芡后往锅中冲入热油，再均匀地浇在炸好的青鱼上即成。

2. 操作要领

给青鱼拍生粉要均匀，炸青鱼时要宽油高温。

二、任务重点及难点

掌握熘的操作技法。

项目二　烧、煎、炸技术类型

任务单一　凉瓜煎蛋

一、过程示范

· 原料：凉瓜 200g、鸡蛋 2 个。

· 调料：盐、味精、鸡精、白胡椒粉、淀粉、葱、色拉油适量。

· 烹调方法：煎。

· 味型：咸鲜微苦。

· 成菜特点：清凉爽口，夏季佳肴。

1. 制作方法

（1）凉瓜去瓤，切成薄片，沸水煮熟备用。

（2）鸡蛋打散后加入盐、味精、鸡精、白胡椒粉、淀粉、煮熟的凉瓜片。

（3）炒锅滑油，取一半凉瓜蛋液炒熟出锅，倒入另一半蛋液中拌匀。

（4）再把全部原料倒入锅中，将其用中小火煎至两面金黄的饼状。

（5）盛出蛋饼改刀装盘，撒白胡椒粉、葱花即成。

2. 操作要领

（1）煎制蛋饼时加热要均匀，勤旋锅。

（2）蛋饼煎至两面金黄时出锅，要保证形态完整。

二、任务重点及难点

熟练运用旋锅与旋翻的操作技法。

任务单二　酥炸鱼排

一、过程示范

· 原料：鲩鱼（1000～1500g）、鸡蛋 2 个、面包糠 200g。

· 调料：料酒、色拉油、盐、味精、胡椒粉、面粉、淀粉、葱、姜适量。

· 烹调方法：氽炸。

· 味型：咸鲜味。

· 成菜特点：外酥里嫩，干香爽口。

1. 制作方法

（1）净鱼肉用刀批成扑克牌大小的片状，厚度约为 0.5cm，用姜片、葱结、盐、料酒码味备用。

（2）用鸡蛋、面粉、淀粉、盐、味精、水调全蛋糊。

（3）将处理好的鱼片蘸全蛋糊，蘸满全蛋糊后表面拍面包糠。

（4）净锅烧油至六成热，将拍好面包糠的鱼片逐片入锅，炸至表面金黄时捞出，将油温升至八成热，将鱼片复炸，出锅沥油。

（5）将炸好的鱼片改刀装盘，撒上葱花和胡椒粉，也可以搭配椒盐味碟一起食用。

2. 操作要领

（1）批鱼肉时片形要稍厚一些，鱼肉片大小似扑克牌。

（2）炸鱼片时要氽炸，高温出锅。

二、任务重点及难点

熟练运用氽炸的手法。

任务单三　家常豆腐

一、过程示范

· 原料：老豆腐300g（含水少，质老）、水发冬笋100g、瘦肉100g。

· 调料：辣椒酱、豆瓣酱、盐、味精、胡椒、色拉油、淀粉、葱、姜适量。

· 烹调方法：炸、烧。

· 味型：家常味（咸鲜微辣）。

· 成菜特点：酱香味浓，味咸鲜微辣，色泽黄亮，外酥里嫩，油和芡适中。

1. 制作方法

（1）老豆腐改刀成三角块。

（2）水发冬笋切薄片，瘦肉切薄片上浆备用。

（3）豆瓣酱切条。

（4）瘦肉片用四成油温滑油（或直接炒制）备用。

（5）老豆腐块用六七成油温旺火炸至外表金黄色捞出沥油备用。

（6）锅内留底油，姜炝锅，煸炒豆瓣酱至出红油，下入水及老豆腐块、水发冬笋片、瘦肉片，下辣椒酱、盐、味精、胡椒调味，改用小火烧制，最后用旺火收芡，起锅装盘，撒适量葱段成菜。

2. 操作要领

（1）炸制老豆腐块时，老豆腐块沿锅边滑入锅内，用手勺轻轻推动，防止老豆腐块碎烂，用旺火炸至外表金黄色时出锅沥油。

（2）豆瓣酱炒至出红油，香味透出。

（3）烧老豆腐时，下入锅中的水要没过老豆腐块、水发冬笋片、瘦肉片。

二、任务重点及难点

掌握炸的火候，掌握家常味的调制方法。

任务单四　孜然煎豆腐

一、过程示范

· 原料：孜然粉 20g（新疆风味）、原味豆腐 300g、青红椒各 10g。

· 调料：葱花、美极鲜酱油、盐、味精、鸡精、胡椒粉、色拉油、白芝麻适量。

· 烹调方法：煎。

· 味型：孜然味。

· 成菜特点：孜然香味浓郁，豆腐软嫩，形整不散，两面金黄。

1. 制作方法

（1）原味豆腐改刀成约 5cm × 4cm × 2cm 的块，焯水，用味水浸泡一个小时入味。

（2）浸泡好的豆腐沥干水分，入锅中煎至表面金黄，撒上孜然粉、胡椒粉、青红椒末、白芝麻、葱花装盘，配烹汁食用。

2. 操作要领

（1）味水是给原味豆腐上味用的，用盐、味精、鸡精与水调匀制成，其口味重，以便使原味豆腐入味。

（2）烹汁是用美极鲜酱油、盐、味精、水调制而成的。

（3）煎浸泡好的豆腐时，要煎至表面金黄，色泽均匀。

（4）选用原味豆腐，即不去豆筋用传统石膏点卤的方法制成的豆腐，豆香味浓郁。

二、任务重点及难点

掌握煎的火候，掌握孜然味的调制。

任务单五　西柠冬瓜排

一、过程示范

·原料：冬瓜400g、西式火腿100g、鸡蛋1个。

·调料：西柠汁、面包糠、吉士粉、盐、味精、色拉油、白糖、浓缩橙汁、淀粉、面粉适量。

·烹调方法：炸。

·味型：酸甜味。

·成菜特点：口感酥脆，果汁味浓。

1. 制作方法

（1）冬瓜切成长约8cm、宽约5cm的夹刀片。

（2）西式火腿切薄片，片形较冬瓜片略小即可。

（3）1个冬瓜夹刀片夹1片西式火腿，在其表面撒少许淀粉，蘸全蛋糊，拍面包糠，即成冬瓜排。

（4）七成油温时放入冬瓜排，炸至表面金黄，出锅装盘，上桌时配西柠汁味碟。

2. 操作要领

（1）冬瓜夹刀片夹西式火腿片后，要在其表面撒少许淀粉（目的是吸收水分和增加黏性），然后蘸全蛋糊，拍面包糠，特别是四边要粘满面包糠。

（2）用面粉、淀粉、一个鸡蛋、少量吉士粉、盐、味精调制全蛋糊，注意一般调制各种糊类，都是面粉多于淀粉。

（3）净锅加热，下水、白糖、浓缩橙汁、西柠汁烧开，勾浓芡调制成西柠汁，注意调制时不用给油。

（4）装盘时，用长方形盘，将炸好的冬瓜排摆放成一列，一般可摆放10个或12个炸好的冬瓜排，盘的一头用花点缀。

二、任务重点及难点

掌握炸收的火候。

任务单六　麻婆豆腐

一、过程示范

·原料：嫩豆腐400g（含水多，质嫩）、瘦猪肉50g。

·调料：辣椒酱、豆瓣酱、盐、味精、蒜、红油、淀粉、葱、姜、花椒、糖、色拉油适量。

·烹调方法：烧。

·味型：麻辣味。

·成菜特点：麻辣味浓，外酥里嫩，油芡适中。

1. 制作方法

（1）嫩豆腐改刀成约3cm×3cm×2cm的块，用盐水浸泡30分钟，再用开水冲调的淡盐水飞水备用。

（2）瘦猪肉切末。

（3）豆瓣酱切条。

（4）净锅热油、将瘦猪肉末用小火煸去水分，使之呈黄色颗粒状，加入红油、辣椒酱、豆瓣酱、花椒、味精、少许糖一起炒匀备用。

（5）锅内留底油，用姜末、蒜末炝锅，下入炒好的瘦猪肉末，加水，下处理好的嫩豆腐块，烧开后改用小火烧制，最后用旺火收芡，起锅装盘，撒适量葱花上桌。

2. 操作要领

（1）嫩豆腐块用盐水浸泡，防止其碎烂。

（2）烧制嫩豆腐块时要少水重油。

二、任务重点及难点

掌握烧的操作技法。

任务单七　烧鱼乔（鳝鱼）

一、过程示范

·原料：鳝鱼400g、蒜苗100g。

·调料：盐、味精、鸡精、老抽、姜、料酒、胡椒、醋、淀粉、色拉油适量。

·烹调方法：烧。

·味型：咸鲜味。

·成菜特点：肉质软嫩，胡椒味重。

1. 制作方法

（1）鳝鱼进行初加工，改刀成长约5cm的段。

（2）蒜苗改刀成长约3cm的段。

（3）蒜苗焯水备用。

（4）用姜炝锅，下入鳝鱼段稍煸炒，加适量水，下老抽、料酒、胡椒、醋调味，待汁烧开时，改用小火烧入味，下入处理好的蒜苗，下盐、味精、鸡精，大火收汁，勾芡，淋油起锅装盘。

2. 操作要领

（1）鳝鱼要用腹杀法去内脏。

（2）鳝鱼要洗净去腥。

二、任务重点及难点

掌握烧的操作技法。

任务单八　烧鱼块

一、过程示范

·原料：青鱼或草鱼（1000g），青鱼最佳。

· 调料：糖、色拉油、酱油、料酒、醋、淀粉、葱、姜适量。

· 烹调方法：烧。

· 味型：咸鲜回甜味。

· 成菜特点：肉质肥嫩，色泽红亮，芡汁紧裹原料，见油不见芡。

1. 制作方法

（1）青鱼进行初加工，去鱼鳞、鱼鳃、鱼内脏，洗净。

（2）将青鱼顺脊刺改刀成约 6cm × 3cm × 2cm 的长方块。

（3）葱切段、姜切末。

（4）炒制糖色，不甜不苦为最佳。

（5）姜末炝锅，鱼块下锅煎制，下入炒好的糖色及调料，加清水烧制（清水要没过鱼块），用大火烧开汤汁，再改用小火焖，最后用大火收芡，撒入葱段，起锅装盘。

2. 操作要领

（1）煎制鱼块时底油不宜多，否则不易勾芡。

（2）制作此菜肴，需先调色后调味。

（3）勾芡时，保持芡—油—芡—油，分次勾芡，淋油，勾芡时注意锅中哪里冒水泡就往哪里点芡。

（4）翻锅次数不宜过多，一次足矣，最多不过三次。

二、任务重点及难点

熟练运用烧的操作技法。

熟练运用勾芡的操作技法。

任务单九　重庆剥皮鱼

一、过程示范

· 原料：剥皮鱼 300g。

· 调料：盐、味精、鸡精、糖、老抽、花椒、干尖椒、陈醋、料酒、红油、色拉油、姜、葱、蒜适量，香料少许。

· 烹调方法：烧。

· 味型：口味麻辣。

· 成菜特点：口感爽嫩，冷食最佳，回味悠长。

1. 制作方法

（1）将剥皮鱼洗净，在其双面斜打加密一字花刀，用盐、料酒、姜片、葱节腌 4 个小时，再用中温油将腌好的剥皮鱼炸酥备用。

（2）锅内放底油，先将香料、花椒、干尖椒小火炒香，再下入姜片、蒜片略炒，下入适量水、糖、老抽、盐、味精、鸡精、陈醋调成麻辣卤水，再下入炸酥的剥皮鱼，用小火将汤汁收干，淋红油后装盘，摊凉后食用。

2. 操作要领

烧制剥皮鱼时不要收芡，要自然收干水分，让原料充分吸收调味汁。

二、任务重点及难点

掌握烧制剥皮鱼的操作技法。

任务单十　油焖武昌鱼

一、过程示范

· 原料：武昌鱼 750g。

· 调料：盐、味精、鸡精、老抽、醋、辣椒酱、豆瓣酱、肉末、姜、葱、淀粉、色拉油适量。

· 烹调方法：烧。

· 味型：鲜咸微辣。

· 成菜特点：创新菜，风味独特，售价适中，极受欢迎。

1. 制作方法

（1）将武昌鱼去内脏洗净，鱼身打浅十字花刀，拍淀粉炸定形备用。

（2）将肉末加辣椒酱、姜末、味精、鸡精炒好备用，用盐、醋、老抽、味精、水调制兑汁。

（3）锅底垫姜、葱，铺上炸好的武昌鱼、炒好的肉末，下入兑汁（兑汁刚好没过武昌鱼和肉末），先用大火烧开，再用小火焖 6 分钟，下豆瓣酱，收芡淋油撒适量葱花装盘。

2. 操作要领

因为加了辣椒酱、豆瓣酱，所以调制兑汁时应少加盐。

二、任务重点及难点

熟练运用烧的操作技法。

任务单十一　番茄烧花菜

一、过程示范

· 原料：番茄 200g、花菜 300g。

· 调料：盐、味精、鸡精、生抽、猪油、淀粉适量。

· 烹调方法：烧。

· 味型：酸甜。

· 成菜特点：创新菜，风味独特，售价适中，极受欢迎。

1. 制作方法

花菜切小块，用猪油炒干水分，先下一半番茄，加水、生抽、盐、味精、鸡精同烧，烧透后再下另一半番茄同烧，收芡起锅装盘。

2. 操作要领

先把一半番茄和花菜烧透后再放另一半番茄同烧。

二、任务重点及难点

掌握混烧的操作技法。

任务单十二　豆角烧茄子

一、过程示范

· 原料：豆角 200g、茄子 200g、肉末 30g。

· 调料：生抽、猪油、辣椒酱、豆瓣酱、姜末、蒜末适量。

· 烹调方法：混烧。

· 味型：鲜香。

· 成菜特点：创新菜，风味独特，售价适中，极受欢迎。

1. 制作方法

（1）茄子切段，豆角切段，分别过油备用，用辣椒酱、豆瓣酱、姜末、肉末炒成杂酱备用。

（2）过油的茄子、豆角二合一加蒜末、生抽混烧，起锅前加杂酱。

2. 操作要领

茄子切段，豆角切段，分别过油（油要用猪油）。

二、任务重点及难点

掌握混烧的操作技法。

掌握多种主料成菜的成熟度。

任务单十三　脆皮炸鲜奶

一、过程示范

· 原料：淡奶 100g、椰浆 100g、炼乳 200g、琼脂 10g。

· 调料：脆皮糊、淀粉、糖、色拉油适量。

· 烹调方法：炸。

· 味型：甜。

· 成菜特点：创新菜，风味独特，售价适中，极受欢迎。

1. 制作方法

（1）琼脂撕小块，用温水化开，下入淡奶、椰浆、炼乳（配制比例为1∶1∶2），加糖，熬开后收芡装入模具晾凉定形，将定形的奶坯从模具中取出改刀成约5cm×3cm×2cm的奶坯块，拍淀粉蘸脆皮糊高温炸熟即可。

（2）脆皮糊：制作方法同制作西柠冬瓜排中炸冬瓜排时蘸的全蛋糊。

2. 操作要领

（1）奶坯要略干，便于成形。

（2）炸奶坯块时高温短时，定形即出。

二、任务重点及难点

掌握奶坯的制作技巧。

任务单十四　香菜圆子

一、过程示范

· 原料：香菜300g、净鱼肉200g、猪肉馅50g。

· 调料：盐、味精、淀粉、白猪油适量。

· 烹调方法：炸。

· 味型：咸鲜味。

· 成菜特点：口味咸鲜，口感软嫩。

1. 制作方法

（1）香菜洗净，剁碎。

（2）净鱼肉制滗，因为鱼滗不吃水，所以只需加入盐、味精、淀粉，且盐分要充足。

（3）将香菜和鱼滓合二为一，二者配置比例为3∶2（重量之比），兑少量猪肉馅，搅拌均匀，下入淀粉和匀，挤成约30克的香菜圆子备用。

（4）白猪油加热至三成油温，把处理好的香菜圆子下锅，用小火炸，炸熟后出锅前升高油温，以免成品含油。

（5）在盘底垫花纸后装盘。

2. 操作要领

（1）以白猪油为传热介质，将处理好的香菜圆子在白猪油中加热。

（2）炼白猪油：行业中是将猪油搅成末再炼，这样出油率高。炼制时，火不宜太急，以免油变混浊。

二、任务重点及难点

掌握炸收的火候。

任务单十五　黄焖圆子

一、过程示范

· 原料：猪肉茸500g（350g瘦肉茸、150g肥肉茸）、鱼茸200g、马蹄小末50g、黄花菜50g、黑木耳50g。

· 调料：盐、姜末、葱花、味精、淀粉、老抽、色拉油适量。

· 烹调方法：烧。

· 味型：咸鲜。

· 成菜特点：创新菜，风味独特，售价适中，极受欢迎。

1. 制作方法

（1）把鱼茸和成稀泥（稀饭）状，所有的盐都加在鱼茸中，因为鱼泥有黏性，有韧劲，所以和鱼泥时要分2～3次加水（夏天加冰水），接着下瘦肉茸和匀，再下肥肉茸和匀，最后下马蹄小末（马蹄拍碎略剁），下姜末、味精、淀粉和匀，冷藏，使之充分吸水。

（2）将和好的混合肉茸搓成20个圆子。

（3）锅中加底油，炝姜末，放入搓好的圆子、黑木耳，再放水并没过圆子和黑木耳，盖上锅盖用大火烧。水开后放老抽、味精，不需加盐，加黄花菜、起锅装盘、撒适量葱花。

2. 操作要领

（1）选单瓣黑木耳（烧时可先下，口感柔软），选干黄花菜涨发（湿黄花菜是酸的，可用鼻子闻，干黄花菜具有干香味），烧时最后下黄花菜（否则黄花菜会烧劈）。

（2）制作的圆子要蓬松、软、含汤。

二、任务重点及难点

掌握圆子的制作技巧。

任务单十六　富贵萝卜圆

一、过程示范

· 原料：白萝卜600g、鱼茸200g、馒头（或面包）150g。

· 调料：盐、味精、黑胡椒粉、生粉、酱油、生抽、红油、姜、色拉油适量。

· 烹调方法：炸。

· 味型：口味咸鲜。

· 成菜特点：色泽金黄，外酥里嫩。

1. 制作方法

（1）白萝卜去皮切成末，加盐腌渍后挤干水分备用。鱼茸加入盐、味精、黑胡椒粉、姜末、生粉搅打上劲，再加入白萝卜末和匀，挤成大小合适的圆子。馒头（蒸好后晾干，用烤箱略烤）搓成小碎屑，裹在圆子表面。

（2）用中温油将萝卜圆入锅炸熟捞出，搭配辣酱油味碟（味碟由酱油、生抽、红油调成）食用。

2. 操作要领

注意搅打鱼茸时不能加水。

二、任务重点及难点

掌握萝卜圆的制作技巧。

任务单十七　煨滚刀萝卜

一、过程示范

· 原料：白萝卜 400g、五花肉 150g。

· 调料：盐、生抽、老抽、鸡精、干尖椒、姜、香料、葱适量。

· 烹调方法：煨或烧。

· 味型：咸鲜微辣，原汁原味。

· 成菜特点：原汁原味，极受欢迎。

1. 制作方法

（1）白萝卜切成滚料块。

（2）五花肉切片煸出油后，加入香料（八角、桂皮、草果、白果、香叶等）、加少量干尖椒小火炒香，加入白萝卜块、姜丝、葱段、生抽、老抽、鸡精、少量盐、加水没过锅中原料，盖上锅盖用小火长时间煨或烧，让白萝卜中的原汁自然透出，再加鸡精，用大火略收汁，装入砂锅或砂吊子即成。

2. 操作要领

加水没过锅中原料，用小火长时间煨或烧，让白萝卜中的原汁透出来。

二、任务重点及难点

掌握煨或烧萝卜的要点。

熟练运用煨或烧的操作技法。

项目三　蒸技术类型

任务单一　扣肉

一、过程示范

·原料：带皮五花肉800g、豆豉50g（或榄菜、梅干菜、干豆角等）。

·调料：盐、味精、鸡精、糖、生抽、老抽、南乳酱、橙红色素、淀粉、卤料、姜、葱、色拉油适量。

·烹调方法：蒸。

·味型：口味咸鲜。

·成菜特点：醇香软烂。

1. 制作方法

（1）带皮五花肉烙毛后刮洗干净，入卤水（卤水由卤料、姜、葱、盐、味精、老抽制成）卤熟，捞出揠干水分，趁热在表皮抹上老抽和橙红色素，再用高温油将五花肉炸至表皮上色后捞出备用。

（2）豆豉剁碎后加色拉油、味精、鸡精、糖炒香备用。

（3）将五花肉切成带皮厚片，入锅加味精、鸡精、糖、生抽、南乳酱及少量卤水烧上味后取出，皮上肉下整齐码入扣碗，上面铺上炒好的豆豉，入蒸笼用中火蒸90分钟出笼，滗汁入锅后将肉反扣入煲，用滗汁和卤水勾芡浇在肉上即成。

2. 操作要领

五花肉要先烧再蒸，这样入味充分。

二、任务重点及难点

掌握扣肉香味的调制方法。

任务单二　豉汁蒸排骨

一、过程示范

·原料：猪直排 600g。

·调料：盐、味精、鸡精、豆豉、陈皮、蒜泥、葱花、生粉、胡椒粉、料酒、糖、色拉油适量。

·烹调方法：蒸。

·味型：口味咸鲜豉香，略有拉扯感。

·成菜特点：创新菜，风味独特，售价适中，极受欢迎。

1. 制作方法

（1）锅中留底油，下入剁碎的豆豉、陈皮末、蒜泥，加味精、鸡精及少许水，熬成黑色泥巴状，冷却后即成豉汁酱。

（2）猪直排剁成约 4cm 长的段，先下底味（盐、料酒、味精、鸡精、糖），再拌进生粉、胡椒粉和豉汁酱，平摊放入蒸屉，中火蒸 35 分钟，取出装盘，表面撒适量葱花即成。

2. 操作要领

注意排骨不能装在盘中蒸，以免排骨不能彻底蒸熟。

二、任务重点及难点

掌握豉汁酱的制作技巧。

任务单三　珍珠豆腐圆

一、过程示范

·原料：老豆腐 300g、榨菜 15g、鱼茸 150g、肉末 50g、猪油渣 10g、糯米 100g、枸杞末 30g。

·调料：盐、味精、鸡精、白胡椒粉、生粉、香油、姜、蒜、葱适量。

·烹调方法：蒸。

·味型：咸鲜。

·成菜特点：口感软糯，口味鲜咸。

1. 制作方法

（1）老豆腐碾碎，加鱼茸、肉末、剁细的猪油渣、榨菜丁（须先漂去多余的盐分）、加姜末、葱末、味精、鸡精、白胡椒粉、生粉和少量盐一起搅打成豆腐泥。

（2）将豆腐泥挤成丸状的豆腐圆，表面沾上泡好的糯米，放入蒸屉，用中火蒸20分钟取出（蒸好的豆腐圆表面可用枸杞末点缀），淋上香油后即成。

2. 操作要领

（1）各类原料要齐全。

（2）原料配比要准确。

二、任务重点及难点

掌握珍珠豆腐圆的制作技巧。

任务单四　杂酱萝卜丝

一、过程示范

·原料：白萝卜500g、猪前夹肉200g、泰椒10g、白米粉100g。

·调料：盐、甜面酱、豆瓣酱、蚝油、老抽、味精、鸡精、猪油、小葱、大葱、白胡椒粉、姜、蛋清适量。

·烹调方法：蒸。

·味型：咸鲜酱香。

·成菜特点：红白相间，质地软糯。

1. 制作方法

（1）白萝卜去皮切粗丝，加入猪油拌匀。再加盐、味精、姜末、蛋清、白米粉拌均匀，上笼蒸熟后装入小碗中备用。

（2）猪前夹肉剁细末，放入锅中炒酥，加入甜面酱、豆瓣酱、蚝油、老抽、味精、鸡精、白胡椒粉、泰椒炒香即成杂酱。

（3）窝盘装入杂酱，加入蒸好的白萝卜丝，撒上适量小葱丝、大葱丝，冲上热猪油。

2. 操作要领

（1）蒸白萝卜丝时先加猪油拌匀，再加其他调料和原料。

（2）炒杂酱时不要加盐。

二、任务重点及难点

熟练运用杂酱的制作方法。

任务单五　蒸虾鲊

一、过程示范

· 原料：小鲜虾 200g（用虾皮可代替）、辣椒皮适量。

· 调料：虾酱、海鲜酱、南乳酱、桂林腐乳、辣妹子、猪油、红油、味精、姜、白米粉、鸡精、高汤适量。

· 烹调方法：蒸。

· 味型：咸鲜微辣。

· 成菜特点：油重，味重，色红。

1. 制作方法

（1）虾皮碾平斩细（如用小鲜虾，则将小鲜虾放在室外 1～2 天，发酵后再用）。

（2）炒锅上火，加猪油、姜末、各种酱料炒香，加适量高汤煮开后加入味精、鸡精。

（3）将煮好的酱汤倒入泡好的白米粉中，加处理好的虾皮、辣椒皮、用略多猪油调匀，上蒸笼蒸约40分钟取出，加入红油即成。

2. 操作要领

（1）白米粉500g配虾皮100g、虾酱30g、辣妹子50g及少量南乳酱。

（2）高汤与白米粉配比大约是1∶1。

二、任务重点及难点

掌握虾鲊拌味的操作技法，掌握蒸制虾鲊的火候。

任务单六　开胃鱼头王

菜肴制作－开胃鱼头王

一、过程示范

·原料：活胖头鱼鱼头1500g、热干面（或油面）100g。

·调料：开味椒（酱椒）、蒸鱼豉油、盐、味精、鸡精，红椒、猪油、葱适量。

·烹调方法：蒸。

·味型：咸鲜微辣。

·成菜特点：鱼肉滑嫩。

1. 制作方法

（1）将鱼头劈开（注意鱼头和鱼颈部要相连），刮干净鱼鳞并在肉厚处斩几刀，漂净血水后加入底味（盐、味精、鸡精、猪油、蒸鱼豉油）。

（2）鱼表面铺上酱椒，将鱼头劈开的一面向上装入盘中，鱼头下垫上筷子，入蒸笼大火足汽蒸15分钟取出，撒适量葱花、点缀红椒末，配热干面上席。

2. 操作要领

（1）鱼头至少要1500g以上，且鱼身宽度不超过两指长度。

（2）酱椒的制法：选湖南（或贵州、四川）的泡青椒（选淡青黄色，皮略厚，质较硬，无异味为好），漂去盐，去籽剁碎，加剁碎的小米椒（色青、短小、饱满为好），一起挤干水分，再用小火焙干水分，加色拉油、生姜末、黄灯笼椒、鱼露、蚝油、味精、鸡精、糖、豆豉（最后加），一起熬匀即可。炒酱椒要炒成淡青色，炒的时间不要过长。

（3）热干面上席前先上蒸笼蒸热，再随鱼头一起上席。

（4）上蒸笼时鱼头下要垫筷子便于原料均匀受热。

二、任务重点及难点

掌握酱椒的制法。

项目四 其他烹饪技术类型

任务单一 挂霜花生仁

一、过程示范

· 原料：大花生仁 300g。

· 调料：盐、白糖适量。

· 烹调方法：挂霜。

· 味型：纯甜。

· 成菜特点：香甜酥脆。

1. 制作方法

（1）大花生仁加盐用中小火炒至能轻捻脱皮时取出，待冷却后去皮备用。

（2）净锅（不能有油或碱），下入白糖及少量水，中小火交替熬至锅内水将干，糖液无泡黏稠时，下入大花生仁到通风处拌匀，至大花生仁表面出现白霜即成，冷却后食用。

2. 操作要领

熬糖时少加水，水量以刚能化开糖为宜。

二、任务重点及难点

熟练运用小火炒制的操作技法。

任务单二　拔丝马蹄

一、过程示范

·原料：马蹄400g。

·调料：白糖、干生粉、色拉油适量。

·烹调方法：拔丝。

·味型：纯甜。

·成菜特点：色泽微红，味道香甜，夹起有细丝。

1. 制作方法

（1）去皮马蹄拍上干生粉，用中油温油炸定形后复炸一次捞出备用。

（2）同时另起一锅，油滑匀后按400g原料用75g糖的比例下入白糖，中小火转换将糖熬成色发黄状黏稠时，下入炸好的马蹄，快速离火翻炒均匀，装入抹了油的盘中，搭配凉水一杯上桌，趁热拔丝食用。

2. 操作要领

（1）若需做多份，一次做3~5份为宜。根据原料含水量决定是拍粉还是挂糊。

（2）最好炸制马蹄、熬糖同步进行，可防原料变冷后粘糖不匀。

（3）把控好熬糖的火候。

二、任务重点及难点

掌握熬糖的火候和要领。

任务单三　水煮肉片

一、过程示范

·原料：瘦猪肉300g、菜心100g。

·调料：盐、葱、姜、蒜、酱油、香油、红油、糖、淀粉、花椒、味精、红椒适量。

· 烹调方法：汆。

· 味型：咸鲜香辣（麻辣）味。

· 成菜特点：肉质鲜嫩，香辣味浓郁。

1. 制作方法

（1）瘦猪肉切片，上淀粉浆备用。

（2）整理菜心，将菜心蒂部修成锥状。

（3）菜心飞水，炒制装盘垫底（钵）。

（4）锅内烧水，调味水（用姜、蒜、酱油、盐、糖、红椒、味精调制），将肉片入锅汆熟，勾浓芡，装入钵内。

（5）将蒜泥、花椒、葱段、姜丝码上。

（6）将香油、红油烧热，淋在肉上即成。

2. 操作要领

（1）菜心作垫底之用。

（2）加热肉片时间要短，以保持肉片鲜嫩。

二、任务重点及难点

掌握汆肉片时味水的调制方法。

任务单四　米酒胡萝卜羹

一、过程示范

· 原料：米酒 100g、胡萝卜 100g、九制陈皮 5g、山楂片 5g。

· 调料：白糖、生粉适量。

· 烹调方法：煮。

· 味型：香甜爽口。

· 成菜特点：开胃甜汤，夏天冷食尤佳。

1. 制作方法

（1）胡萝卜去皮，切薄片，蒸熟后绞成茸备用。

（2）九制陈皮和山楂片均切末备用。

（3）净锅加水，下胡萝卜茸、九制陈皮末、山楂末烧开撇去浮沫，下入米酒，勾芡至汤稠呈羹状装碗，表面再撒少量九制陈皮末和山楂末即成（视个人口味加入白糖）。

2. 操作要领

（1）水和胡萝卜茸的配比为1∶1。

（2）依法可举一反三，制作玉米羹（玉米茸＋玉米浓缩汁＋玉米香精＋白糖）、薄荷羹（枸杞＋马蹄丁＋米酒＋少量薄荷叶或汁）、花生汁（调散的花生酱＋西米＋白糖＋葛仙米）、橙汁（橙汁＋西米＋白糖）等。

二、任务重点及难点

熟练运用甜汤的制作方法。

掌握甜汤的制作要点。

任务单五　泡椒牛蛙

菜肴制作－泡椒牛蛙

一、过程示范

· 原料：牛蛙1000g、味菜1袋。

· 调料：白醋、盐、味精、鸡精、猪油、高汤、野山椒、泡子姜、红灯笼泡椒适量。

· 烹调方法：烧。

· 味型：酸辣。

· 成菜特点：蛙肉嫩滑。

1. 制作方法

（1）牛蛙进行初加工，先去头，腿根部横开。

（2）泡子姜切菱形片，野山椒切细丝备用。

（3）锅里下猪油，下泡子姜片、野山椒丝炝锅，下加工好的牛蛙略炒，再下占锅体积3/4的高汤，下红灯笼泡椒、白醋、盐、味精、鸡精、泡野山椒水，大火烧开后用小火吸汁，烧成酸辣味。

2. 操作要领

味菜类似于酸菜头子，切片飞水垫底用。

二、任务重点及难点

熟练运用牛蛙的烧制方法。

任务单六 青椒煮肥牛

一、过程示范

· 原料：肥牛350g、银芽150g、青杭椒100g。

· 调料：美极鲜蒸鱼豉油、藤椒油、蒜茸、色拉油、老抽适量。

· 烹调方法：氽制。

· 味型：咸鲜。

· 成菜特点：肥牛味浓郁。

1. 制作方法

（1）肥牛选肉质偏肥呈网状的，在开水中烫煮，撇去浮沫捞出备用。

（2）银芽炒好打底。

（3）藤椒油加底油炒香，加青杭椒圈、加炒好的银芽、加适量水、下其他调料，煮开后氽入处理好的肥牛，最后加入蒜茸即成。

2. 操作要领

调味要轻，享用肥牛本味。

二、任务重点及难点

熟练运用肥牛的氽制方法。

任务单七　榄菜拌豆角

一、过程示范

·原料：豆角 100g、红椒 5g、榄菜 5g。

·调料：盐、味精、香油适量。

·烹调方法：拌。

·味型：咸鲜带辣。

·成菜特点：清淡开胃。

1. 制作方法

（1）豆角去两头，洗净后切成约 0.5cm 长的丁，红椒去籽切成约 0.5cm 长的丁，榄菜切末。

（2）红椒煮熟，豆角煮至刚熟略带脆性。

（3）三种原料混合加盐、味精、香油拌匀。

2. 操作要领

豆角煮到刚熟。

二、任务重点及难点

掌握拌制技巧的特点。

熟练运用拌制技巧。

任务单八　凉拌爽口脆

一、过程示范

·原料：嫩蒜苗 200g、红辣椒 5g。

·调料：绵白糖、味精、白醋、盐、麻油适量。

·烹调方法：拌。

·味型：口味咸鲜。

·成菜特点：色泽碧绿，质地脆爽。

1. 制作方法

（1）蒜苗洗净，焯水，用竹签将蒜苗从尾至头划成6根丝，再切成6cm长的段，红辣椒切丝。

（2）在处理好的蒜苗中加入红辣椒丝、绵白糖、味精、白醋、盐、麻油，拌匀即可食用。

2. 操作要领

（1）选择新鲜、脆嫩的蒜苗。

（2）蒜苗焯水至断生。

二、任务重点及难点

熟练运用拌制技巧。

任务单九　鱼圆

一、过程示范

·原料：胖头鱼1500g、鸡蛋1个。

·调料：淀粉、盐、姜末、葱白末、味精、白胡椒粉、猪油适量。

·烹调方法：煮。

·味型：咸鲜。

·成菜特点：鱼圆色白质嫩有弹性。

1. 制作方法

（1）用胖头鱼尾部的鱼肉刮出鱼茸，先用密漏过滤，再用纱布挤干，绞细，接着用淀粉、适量的水（水可用鱼骨熬的汤，过滤后的鱼汤更佳）、盐、姜末、葱白末、味精、白胡椒粉、蛋清1个、猪油和少许鱼茸搅匀后，再兑入剩下的鱼茸中继续搅打上劲，直至取少量鱼茸放入水中能漂起。

（2）锅中放冷水，将处理好的鱼茸挤成丸状入水，用小火慢慢加热，水不要烧开。在水将要开时点入少许冷水，共点3次，鱼圆即成熟。随即捞出放入冷水中快速冷却后即可。

2. 操作要领

（1）搅打鱼茸时先加水再加盐。

（2）胖头鱼提前一天准备，冷藏一晚再用。

二、任务重点及难点

熟练运用煮的操作技法。

任务单十　酸菜鱼

一、过程示范

· 原料：草鱼1500g、酸菜300g。

· 调料：盐、味精、鸡精、白糖、姜、泡姜、蒜、猪油、葱、芹菜茎段、野山椒、干尖椒、青小米辣（青杭椒圈）、淀粉、白醋适量。

· 烹调方法：汆。

· 味型：酸辣。

· 成菜特点：鱼肉滑嫩，汤汁醇香。

1. 制作方法

（1）草鱼净肉斜批成片，用盐、味精、鸡精、淀粉上浆。

（2）鱼骨、鱼头熬汤备用。

（3）净锅下猪油，炒香姜末蒜末、葱段、泡姜粒、芹菜茎段、野山椒碎、干尖椒、酸菜，下鱼汤、白醋、泡野山椒的水、盐、味精、鸡精、白糖，调成酸辣味，烧开鱼汤，下鱼片汆熟起锅装碗。

（4）净锅下猪油，下蒜末、野山椒、青小米辣（青杭椒圈）炒香浇在汆好的鱼片上。

2. 操作要领

调制的酸辣味要柔和。

二、任务重点及难点

熟练运用酸菜鱼的调味方法。

单元三　冷碟（一）

项目一　花卉雕刻

任务单一　荷花

一、过程示范

1. 雕刻技法

（1）选择圆润、色泽自然的洋葱，剥去外层干皮（如图①）。

（2）以洋葱根部做花底托，划出略呈三角形的花瓣（如图②）。

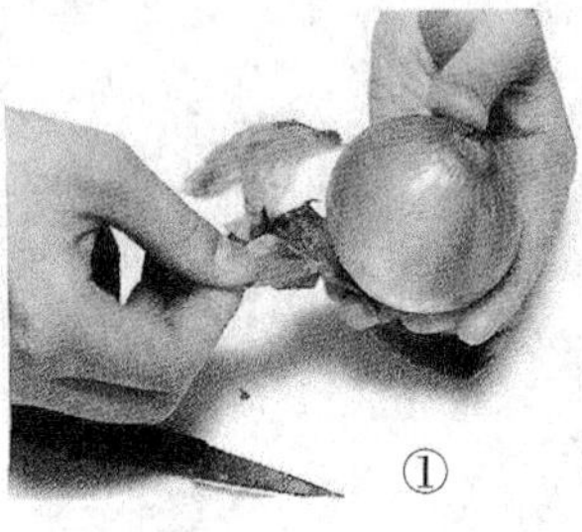

①

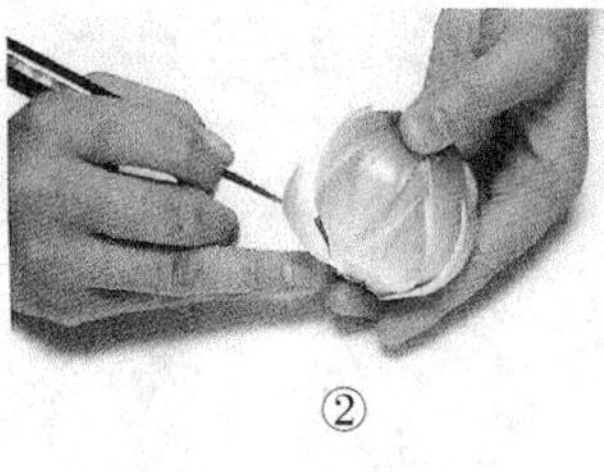

②

（3）逐层剥去多余部分，保持花瓣底部相连（如图③）。

（4）花瓣有 4 层左右时，中部铲平，点缀蒜苗即成（如图④）。

③

④

2. 用途举例

可作菜肴的简易围边，既美观又能提升菜肴的档次。

二、任务重点及难点

根据原料的性质进行造型处理，使之适应实际需要。

掌握荷花造型的雕刻技法。

任务单二　菊花

一、过程示范

1. 雕刻技法

（1）选用质地细嫩、叶片匀称、包裹坚实的大白菜。

（2）将大白菜切去顶部叶，剥去外层老叶（如图①）。

（3）用戳刀戳刻出菊花瓣，上端略细、尖，与根部相连处较厚（如图②）。

（4）仔细逐层戳刻至菜心（如图③、图④）。

（5）至菜心时可用刀尖将宽叶去除一些，保留细黄菜心部分，再放入盐水中略泡，菜叶呈花瓣状自然卷曲（如图⑤）。

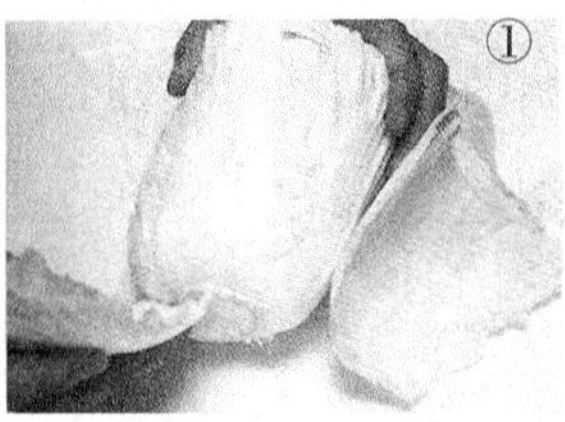

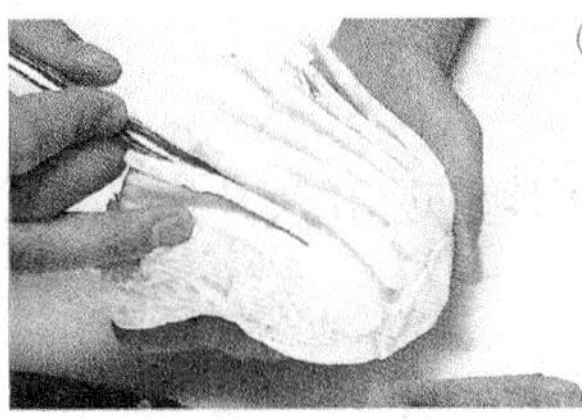

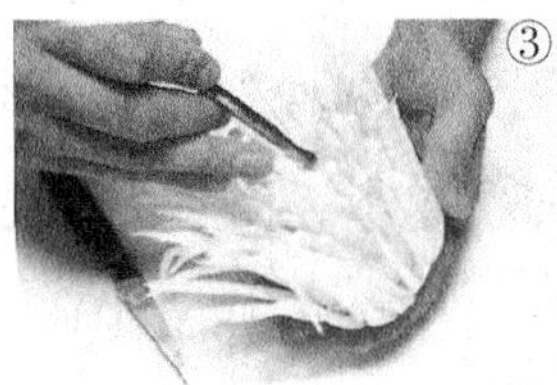

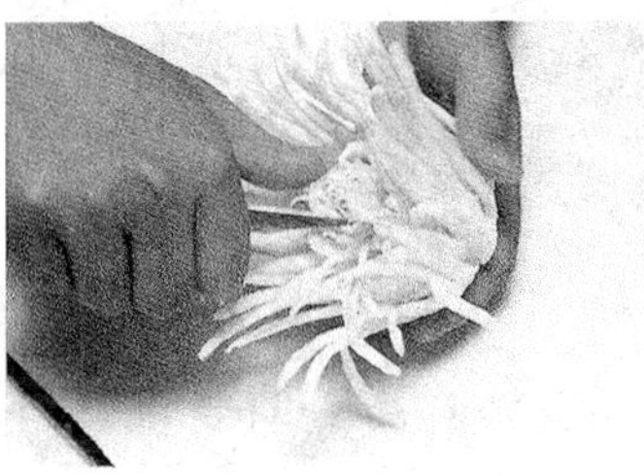

④

⑤

2. 用途举例

适用于装饰“菊花青鱼”及点缀秋季菜品。

二、任务重点及难点

根据原料的性质进行造型处理，使之适应实际需要。

掌握菊花造型的雕刻技法。

任务单三　大理花

一、过程示范

1. 雕刻技法

(1) 选择心里美萝卜，从中一剖为二，刀口处向下，将其表面修削平滑（如图①）。

①

(2) 用小圆柱刀在半圆状中间戳一刀痕（如图②），以此为中心，用小戳刀在其周围均匀地戳出三角形凹口，即定位一个花瓣（如图③），再削去凹口下面一小部分萝卜，使1个小三角形呈现出来，用此方法戳出一圈为第一层，一般15～20个花瓣（如图④）。

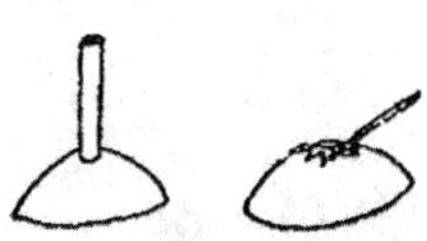

②

③

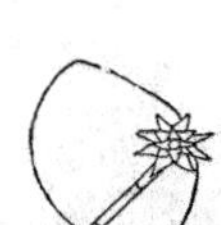

④

(3) 第二层的花瓣须在第一层花瓣中间起刀，但长度要适当长一些（如图⑤）。

(4) 依此方法共雕刻五层，须注意第五层花瓣在雕刻时要从下向上，雕刻斜度要大一些，这样雕刻出的花朵自然美观且形象逼真（如图⑥）。

（5）最后用小戳刀将中间圆柱形刀痕的那部分戳出一些细小的毛片，此为花蕊部分，即雕刻成一朵完整的大理花（如图⑦）。

⑤ ⑥ ⑦

2. 用途举例

可作菜肴的简易围边，既美观又能提升菜肴的档次。

二、任务重点及难点

根据原料的性质进行造型处理，使之适应实际的需要。

掌握大理花造型的雕刻技法。

项目二 拼盘

任务单一 元宝碟

一、过程示范

1. 原料

白萝卜或红萝卜。

2. 操作过程

（1）选原料：选形正、水分充足的白萝卜。

（2）修理原料：修成半圆形坯。

（3）垫底：边角余料切成细丝，垫底成堡垒形。

（4）围边：将坯面切薄片，摆成半圆刀面，将垫底围边。

（5）盖面：将坯面切薄片，呈“一”字形盖住围边的开口，完成后如上图所示。

3. 操作要领

（1）合理计划围边和盖面所用原料分量，盖面后不露垫底原料。

（2）操作按规定步骤进行：

修理原料—余料改刀成细丝垫底—切围边原料围边—切盖面原料盖面。

（3）垫底要形态饱满，呈堡垒形。

4. 围边要求

（1）萝卜片厚薄均匀一致，刀面整齐。

（2）原料摆在圆盘的内边线范围内。

（3）操作时逆时针方向旋转、移动围边。

5. 盖面要求

直线刀面平行排列，盖上围边的顶，不露垫底的原料。

二、任务重点及难点

掌握原料的处理和布局方法。

任务单二　三拼

一、过程示范

1. 选原料

白萝卜、胡萝卜、莴苣。

2. 修坯

（1）白萝卜、莴苣修理成椭圆形。

（2）胡萝卜修理成长方形坯料。

（3）余料修理成长方形备用。

3. 拼摆

（1）将白萝卜切成刀面，逆时针旋转呈半圆扇子形，摆上盘。

（2）将莴苣切成刀面，顺时针旋转呈半圆扇子形，摆上盘。

（3）将余料垫底，用长方形刀面拼摆呈一字形盖面。

4. 整理

将刀面整理好，衔接处处理得当，盘边周围擦拭干净后即完成。

二、任务重点及难点

掌握坯料的处理和拼摆方法。

任务单三　蝴蝶

一、过程示范

1. 原料

（1）绿色：黄瓜 1 根。

（2）玫瑰红：心里美萝卜 1 个。

（3）红色：胡萝卜 1 个。

（4）黑色：大头菜 1 个。

（5）白色：白萝卜 1 个（垫底）。

2. 整理刀面

（1）黄瓜：选取新鲜、表面粗糙、色深绿的黄瓜，斜切成长轴约 4.5cm 的椭圆片，约需 40 片。

（2）心里美萝卜：修理成鸡心形坯，拉刀切片，约需 36 片。

（3）胡萝卜：修理成鸡心形坯，拉刀切薄片，约需 30 片。

（4）白萝卜：修理成鸡心形坯，拉刀切薄片，约需 24 片。

3. 拼摆

（1）垫底呈两个椭圆形（如图①）。

（2）每层拼摆呈半弧形，左右两翼讲求对称，要求大小、片数一致（如图②）。

（3）蝴蝶造型单翼拼摆呈椭圆形（如图③）。

（4）注意第四层拼摆后收口用刀摆上盘（如图③）。

（5）蝴蝶造型尾翼用黄瓜 6 片，胡萝卜 5 片，白萝卜 4 片拼摆（如图④）。

（6）蝴蝶造型触须用黄瓜丝或葱丝装饰（如图⑤）。

（7）蝴蝶造型眼睛用白萝卜 + 胡萝卜层叠（如图⑤）。

（8）蝴蝶造型身体用胡萝卜削刻成长条形（如图⑤）。

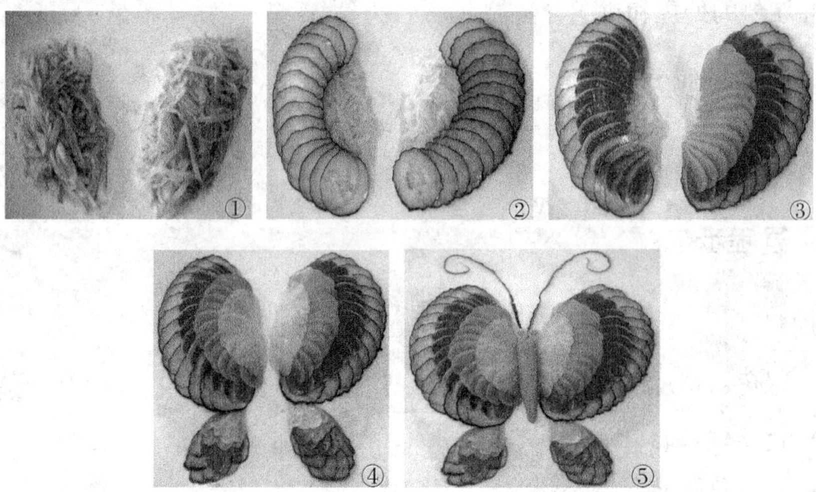

4. 整理

将刀面整理好，衔接处处理得当，盘边周围擦拭干净后即完成。

二、任务重点及难点

掌握坯料的处理和拼摆方法。

任务单四　五彩热带鱼

一、过程示范

1. 原料

（1）绿色：黄瓜 1 根。

（2）玫瑰红：心里美萝卜 1 个。

（3）红色：胡萝卜 1 个。

（4）黑色：大头菜 1 个。

（5）白色：白萝卜 1 个（垫底）。

2. 整理刀面

（1）黄瓜：选取新鲜、形直且表面光滑、色翠绿的乳黄瓜，斜切成长轴约 4cm 的单直边水滴片，约需 28 片。

（2）胡萝卜：修理成圆头鸡心形坯，拉刀切薄片，约需 32 片。因胡萝卜易翘起，故腌渍时盐分略重。

（3）心里美萝卜：修理成圆头鸡心形坯，拉刀切薄片，约需 14 片。

（4）大头菜：修理成圆头鸡心形坯，拉刀切薄片，约需 16 片。

（5）白萝卜：切细丝，盐腌渍出水变软，挤干水分待用。

3. 拼摆

（1）垫底：用白萝卜丝垫底呈菱形（如图①）。

（2）将尾鳍和背鳍用黄瓜片拼摆成形（如图②）。

（3）切刀面，每层拼摆呈半弧形，用刀摆上盘（如图③）。

（4）热带鱼造型由尾部至头部拼摆。头部尾部刀面小，中部刀面大（如图④）。

（5）热带鱼造型头部用胡萝卜末直接堆砌呈形（如图④）。

（6）热带鱼造型眼睛用白萝卜 + 胡萝卜层叠（如图⑤）。

（7）热带鱼造型水草用黄瓜切连刀片，刀面轻拍呈形，将多片连成线，作带状水草（如图⑤）。

（8）热带鱼造型小水泡用胡萝卜削刻呈形（如图⑤）。

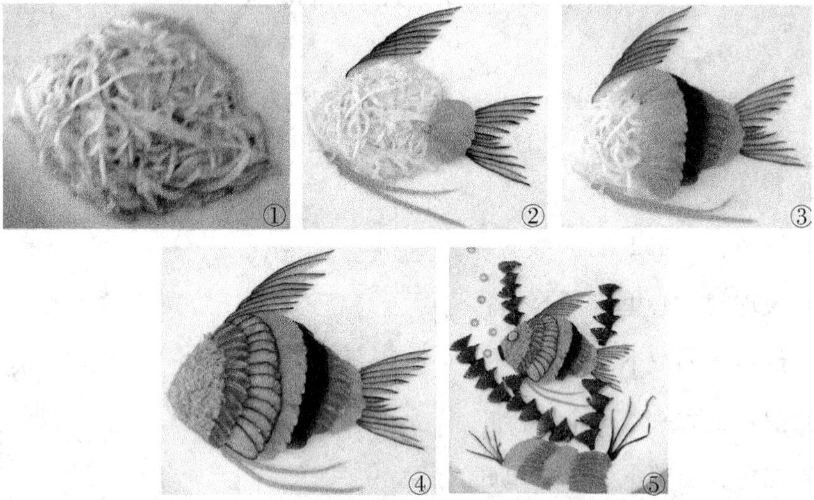

4. 整理

将刀面整理好，衔接处处理得当，盘边周围擦拭干净后即完成。

二、任务重点及难点

掌握坯料的处理和拼摆方法。

任务单五　梅花什锦大拼

一、过程示范

1. 原料

（1）绿色：黄瓜 2 根。

（2）玫瑰红：心里美萝卜 1 个。

（3）红色：胡萝卜 1 个、小番茄 5 个。

（4）黑色：大头菜 1 个。

（5）白色：白萝卜 1 个（垫底）。

2. 整理刀面

（1）黄瓜：选取条直、表面较光滑的黄瓜，斜切成截面长约 5cm 的椭圆片，约需 60 片。

（2）心里美萝卜：修理成鸡心形坯，拉刀切片，约需 50 片，放入盐水中略腌渍。

（3）大头菜：修理成鸡心形坯，推切片，需 40 ~ 50 片。

（4）胡萝卜：修理成鸡心形坯，拉刀切片，需 40 ~ 50 片，因胡萝卜易翘起，故腌渍时盐分应略重。

（5）白萝卜：切成细丝，盐腌渍出水变软，挤干水分备用。

3. 拼摆

（1）垫底：垫底呈五瓣水滴，组合呈梅花形，要求五个坯，大小均匀一致（如图①）。

（2）以黄瓜为例，将切好的刀面，在菜墩上逐片拼摆呈花瓣的形状，收口后，用刀摆上盘（如图②）。

（3）依次将黄瓜、心里美萝卜、胡萝卜、大头菜拼摆出四层花瓣，要求将色泽间隔，也可自行调整顺序（如图③）。

（4）花芯及点缀：选用小番茄（或黄瓜），切薄片，斜靠内层花瓣根部，围成一圈，在各个花瓣间隙处压成小凹槽。中间用胡萝卜切细末，作花芯。用白萝卜批片，卷胡萝卜丝，在梅花花瓣间隙处点缀（如图④）。

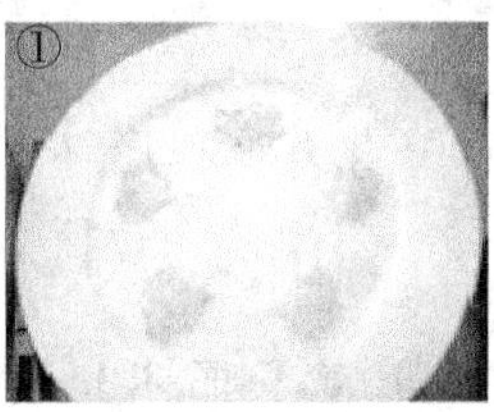
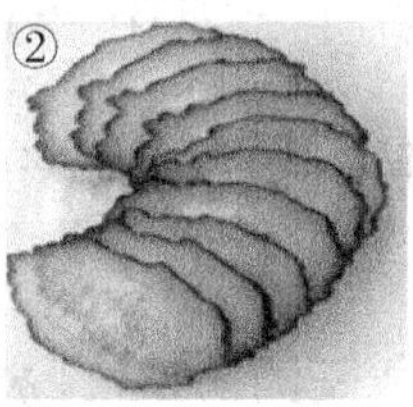

4. 整理

将刀面整理好，衔接处处理得当，盘边周围擦拭干净后即完成。

二、任务重点及难点

掌握坯料的处理和拼摆方法。

任务单六　锦鸡

一、过程示范

1. 原料

（1）绿色：乳黄瓜 2 根。

（2）玫瑰红：心里美萝卜 1 个。

（3）红色：胡萝卜 2 个。

（4）白色：白萝卜 1 个（垫底）。

2. 整理刀面

（1）胡萝卜：分别切厚约 0. 2cm，宽约 3cm，长分别约为 12cm、10cm、8cm 的胡萝卜片，各 2 片，用雕刀刻出羽毛形，放盐水中浸渍。

（2）胡萝卜：修理成长约 5cm 的令箭形长片，需 6 片。

（3）心里美萝卜（锦鸡造型身体）：修理成长约 3. 5cm 的双直边坯 1 个，双边剞细密羽毛刀纹。

（4）胡萝卜（锦鸡造型身体）：修理成长约 4cm 的双直边坯 1 个，双边剞细密羽毛刀纹。

（5）黄瓜（锦鸡造型身体）：选取新鲜、形直且表面光滑、色翠绿的乳黄瓜，斜切成长轴约 4cm 的单直边水滴片，共需 28 片。

（6）心里美萝卜（锦鸡造型翅）：修理成长约 4cm 的单直边鸡心形坯 1 个，直边剞细密羽毛刀纹。

（7）胡萝卜（锦鸡造型翅）：修理成长约 3. 5cm 的单直边鸡心形坯 1 个，直边剞羽毛刀纹。

（8）白萝卜：切成细丝，盐腌渍出水变软，挤干水分备用。

3. 拼摆

（1）垫底：用白萝卜丝垫底，摆成草书的山字形（如图①）。

（2）将制作锦鸡尾羽的原料用小刀切雕成形，用盐水浸软（如图②）。

（3）切刀面，拼摆锦鸡的翅，用刀摆上盘（如图③）。

（4）锦鸡造型由尾部至头部拼摆，注意拼摆出锦鸡体形的特点，刀面由锦鸡造型尾部向头部旋转（如图④）。

（5）锦鸡造型颈部用黄瓜斜拉成形（如图⑤）。

（6）锦鸡造型头部用黄瓜的蒂部作为坯，直接切刀面成形（如图⑤）。

（7）锦鸡造型眼睛用黄瓜＋胡萝卜层叠（如图⑥）。

4. 整理

将刀面整理好，衔接处处理得当，盘边周围擦拭干净即完成。

二、任务重点及难点

注意刀面的整理。

构思逼真的形态。

单元四　冷碟（二）

项目一　黄瓜在围边中的应用

任务单　黄瓜在围边中的应用

一、过程示范

（1）黄瓜的灵活处理

强调刀工精致、手法细腻（如图 a）。

（2）单片

平面围边（如图 b）。

立体成形：形成立体栅栏或分断，也可作围边用。

（3）三边刀片

形成两指叶心形（如图 c），需要用清水漂洗定形。

a　　b　　c

二、参考练习

黄瓜的灵活运用

平面围边，可做水波纹等。

立体围边，可用单片围成立体栅栏或分断，也可作围边用。

可用三边刀片，经过弯曲定形围成圆形。

三、任务重点及难点

掌握黄瓜变形的应用。

黄瓜的刀工处理要表现出精致、细腻的技法。

项目二　花刀的灵活运用

任务单一　蓑衣花刀

一、过程示范

（1）先在黄瓜的一侧直刀（或推刀）斜剞上一字刀纹，刀纹深度约为原料厚度的1/2（如图a）。

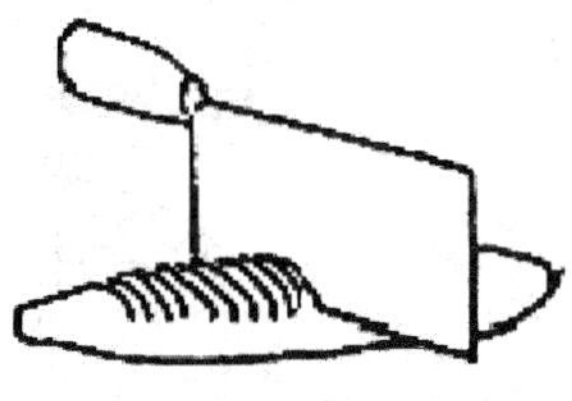

a

（2）再在黄瓜的另一侧采用同样的刀法，剞上一字刀纹，刀纹深度约为原料厚度的1/2（如图b）。

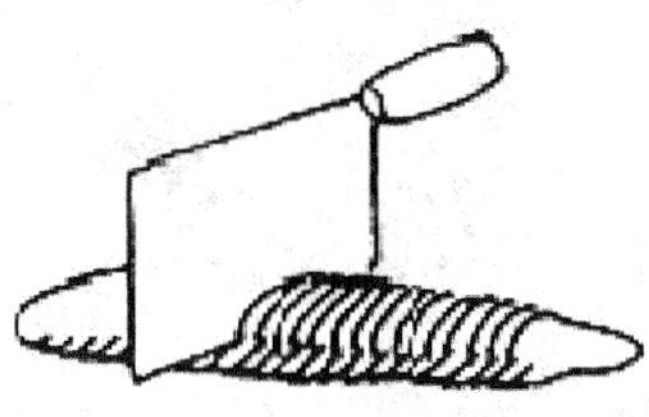

b

（3）与斜一字刀纹相交，即是第一种蓑衣形花刀（如图c）。

c

二、任务重点及难点

掌握蓑衣花刀的成形技法。

掌握用刀的深度与力度。

任务单二　锯齿形花刀

一、过程示范

1. 成形方法

(1) 先在原料上剞出深度约为原料厚度 4/5 的刀纹 (如图 a)。

(2) 再沿与刀纹垂直的方向切断原料 (如图 b)。

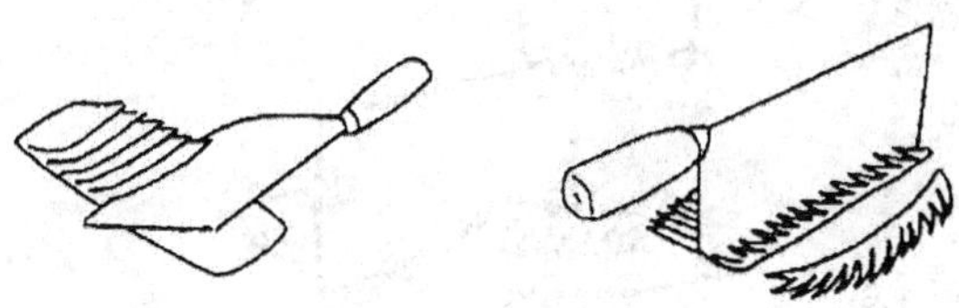

a　　b

(3) 即呈现为锯齿形花刀 (如图 c)。

c

2. 加工要求

刀距宽窄、刀纹深浅、原料粗细程度都要一致。

3. 用途举例

（1）韧性原料可制作如炒蜈蚣腰丝、芫爆鱿鱼丝等菜肴。

（2）用嫩白菜帮做原料，嫩白菜帮需经冷水浸泡，嫩白菜帮卷曲后，可用于拌制冷菜（如拌白菜丝），也可作为点缀、围边、装饰菜肴。

二、任务重点及难点

掌握用刀的深度与密度。

任务单三　灯笼形花刀

一、过程示范

1. 成形方法

（1）将原料片成大片后，改成长约 4cm、宽约 3cm、厚 2～3cm 的片，先在原料的一端斜剞上两刀深度约为原料厚度 3/5 的刀纹（如图 a）。

（2）然后，在原料的另一端同样剞上两刀（相反方向剞刀）（如图 b）。

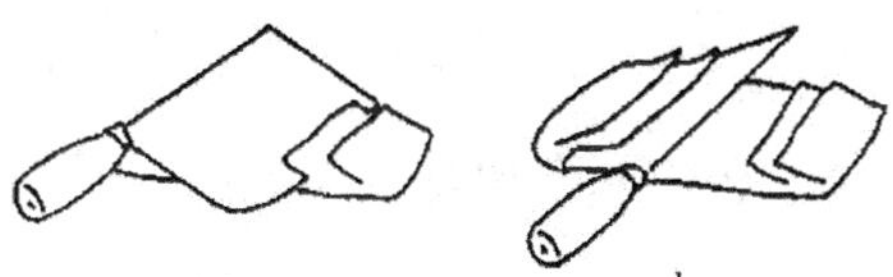

a　　b

（3）再转一个角度直刀剞上深度约为原料厚度 4/5 的刀纹（如图 c）。

（4）原料加热后即卷曲成灯笼形（如图 d）。

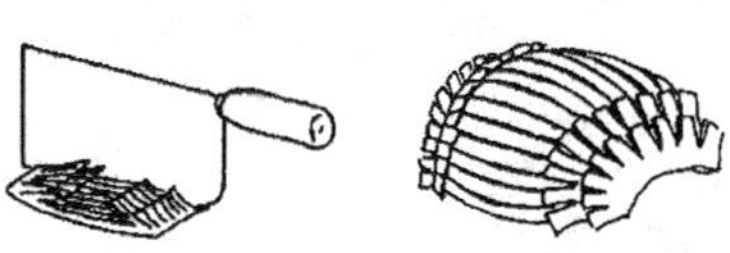

c　　d

2. 加工要求

加工时，斜刀进刀深度要浅于直刀的进刀深度，原料片形大小要一致，刀距要均匀。

3. 用途举例

可用于制作炒腰花、麻油腰花。

二、任务重点及难点

掌握用刀的深度、密度与角度。

任务单四　如意形花刀

一、过程示范

1. 成形方法

（1）将原料加工成约 2cm × 2cm × 2cm 大小的正方体。

（2）在正方体的四面均切上两刀，进刀深度约为原料厚度的 1/2（如图 a）。

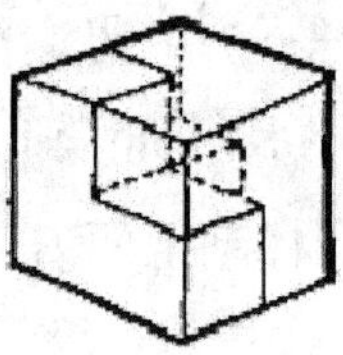

a

（3）轻轻掰开正方体，分成两个如意丁（如图 b）。

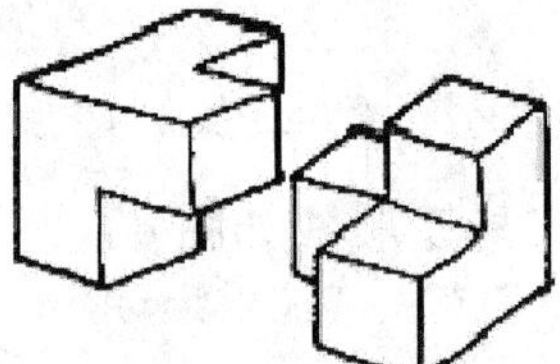

b

2. 加工要求

正方体的大小要一致，切分正方体要均匀。

3. 用途举例

多用于菜肴的围边，也可充当高档菜肴的配料。

二、任务重点及难点

切分正方体要均匀，大小要一致。

任务单五　剪刀形花刀

一、过程示范

1. 成形方法

（1）分别在相对两个长边厚度的 1/2 处片进原料，两刀进深要相等，但不能片断原料（如图 a）。

（2）再运用直刀推剞的刀法，在相对两面均匀地剞上宽度一致的斜刀纹，进刀深度约为原料厚度的 1/2（如图 b）。

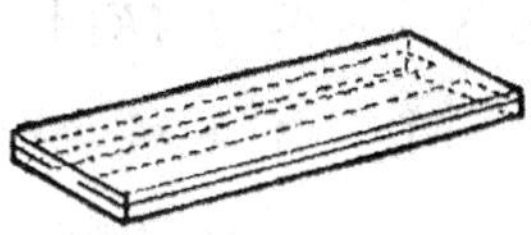

a

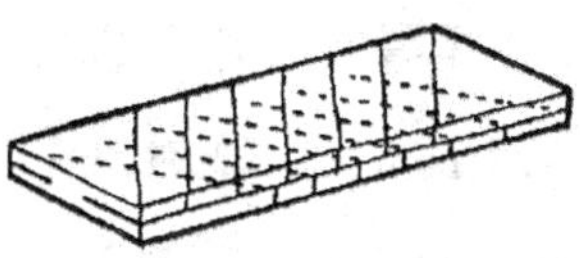

b

（3）最后轻轻拉开，即成交叉剪刀片（或块）（如图 c、图 d）。

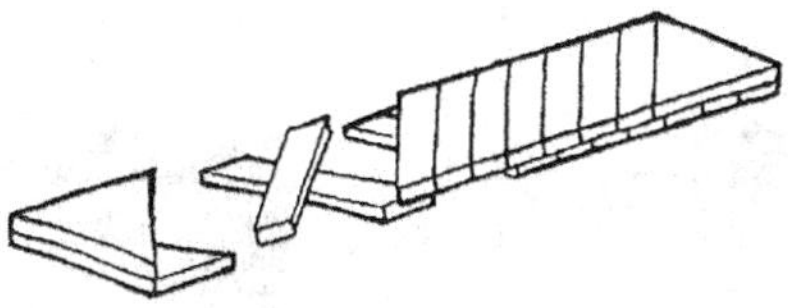

c

d

2. 加工要求

刀距、交叉角度、所切原料大小厚薄都要均匀一致。

3. 用途举例

多用于高档菜肴的点缀及围边装饰。

二、任务重点及难点

掌握用刀的深度与密度。

项目三　盘饰

任务单一　三片串折南瓜花盘饰

一、示范讲解

1. 成形方法

（1）选择南瓜头 1 个、黄瓜 1 根、红樱桃 2 粒。

（2）取南瓜头，切成长约 6cm、宽约 2cm、厚 0.1 ~ 0.2cm 的薄片 3 片，切出刀纹，将三片薄片重叠在一起，以雕刻刀于薄片两边雕刻出开叉（如图①）。中间部分前、后各留 1cm，以雕刻刀直刀雕刻两刀，使其三等分（如图②）。

（3）取一小块正方体黄瓜，插上牙签作为底座，将切雕好的南瓜片往内翻折，再串插于底座的牙签上（如图③）。

（4）三片均串插好后，整理出三角形，再插上红樱桃（如图④）。

（5）盘饰完成（如图⑤）。

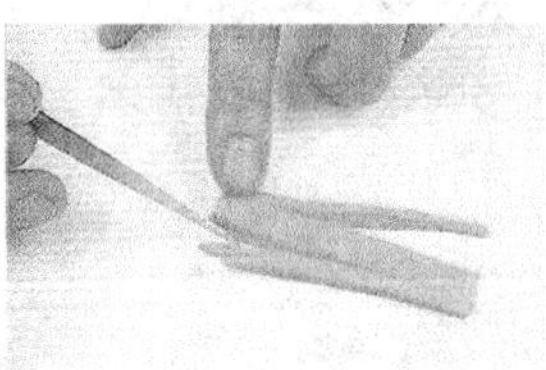
①

②

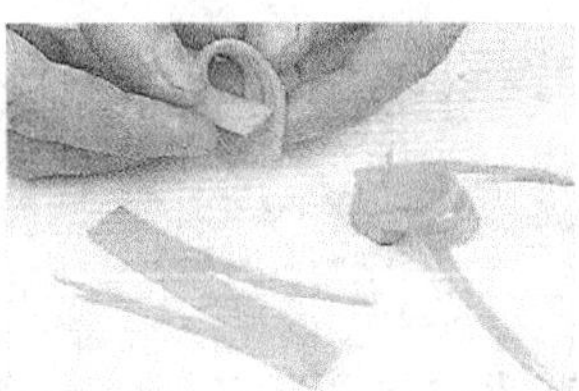
③

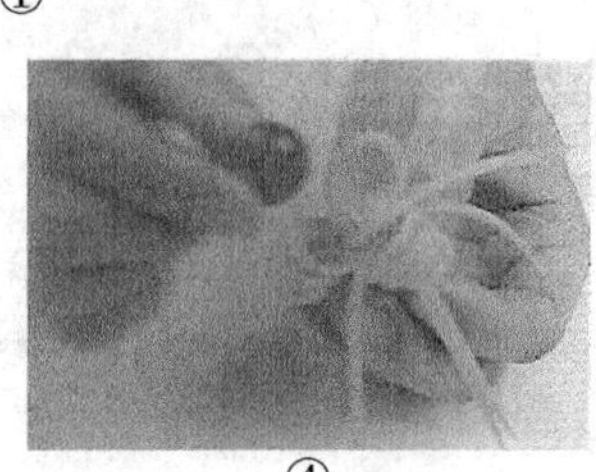
④

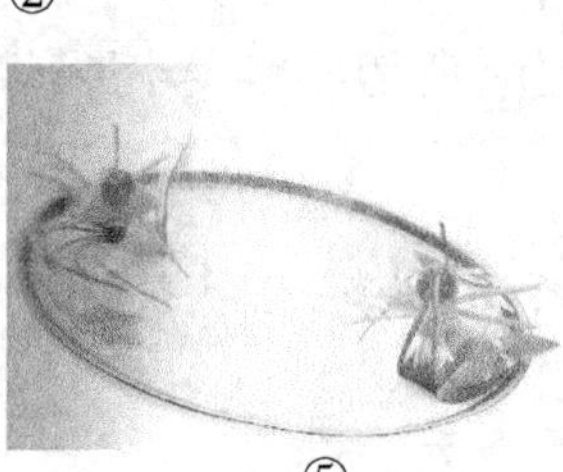
⑤

2. 用途举例

用南瓜切雕出装饰点缀，配以樱桃，可作菜肴的简易围边，既方便美观又能提升菜肴的档次。

二、任务重点及难点

根据原料的性质进行再加工，使之适应菜肴制作的需要。

掌握三片串折南瓜花盘饰的造型方法。

任务单二 胡萝卜粘花盘饰

一、示范讲解

1. 成形方法

（1）选择个头较大的黄瓜 1 根、胡萝卜 1 根。

（2）取个头较大的黄瓜竖方向一剖为二，其中一半以大刀直刀切厚度约 0.1cm 的薄片，放砧板上交叉排列（如图①）。

（3）排列好后，以雕刻刀雕刻成叶子的形状（如图②）。

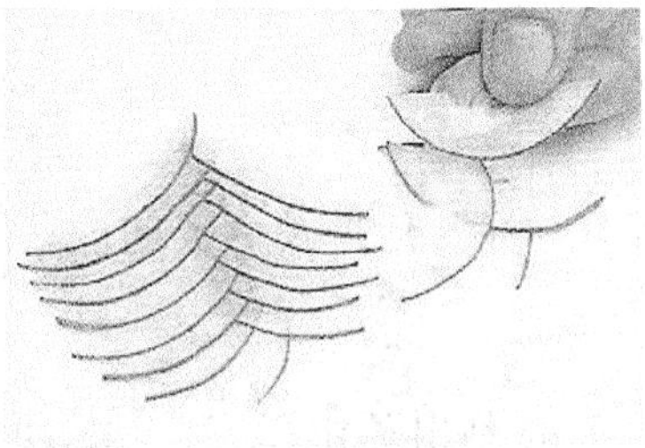

①

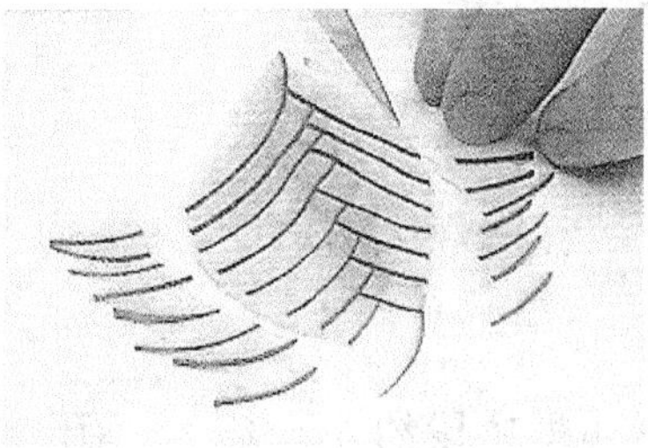

②

（4）将胡萝卜切雕为由大到小约 4 个规格的花瓣形料头，再将料头批薄片，从花瓣最外层开始，由外至内，由大至小，用三秒胶粘合固定，保持花瓣底部相连，直至形成完整的一朵花。由大花瓣粘合到小花瓣，共粘合四层到花蕊周边，然后泡入清水中备用（如图③）。

（5）用大刀慢慢把叶片移到盘边，再放上切雕好的胡萝卜花。花苞切法：

取一块胡萝卜，用雕刻刀雕刻成橄榄大小，再以大刀直切为二，以雕刻刀交叉切取花瓣形状，再加大黄瓜切雕成的叶柄摆盘即成（如图④）。

③

④

2. 用途举例

可作高档菜肴的围边，既方便又能提升菜肴的档次。

二、任务重点及难点

根据原料的性质进行加工处理，使之适应实际操作的需要。

任务单三　大黄瓜刻花盘饰

一、示范讲解

1. 成形方法

（1）选择个头较大的黄瓜 1 根、胡萝卜 1 根、角瓜及染色的白萝卜丝适量、柠檬 1 个。

（2）黄瓜取中段约 6cm 切下，用雕刻刀雕刻出预定图案，再用大刀采取滚料批的方法取下雕刻有图案的黄瓜皮。雕刻有图案的黄瓜皮的一端留少许黄瓜肉，以起到对其的站立支撑作用（如图①）。

（3）取下雕刻有图案的黄瓜皮后即出现图样，摆入盘边，加上一团染色的白萝卜丝和一片切成圆片的角瓜即成（如图②）。

（4）用柠檬、胡萝卜丝作衬托，形成完整的围边装饰（如图③）。

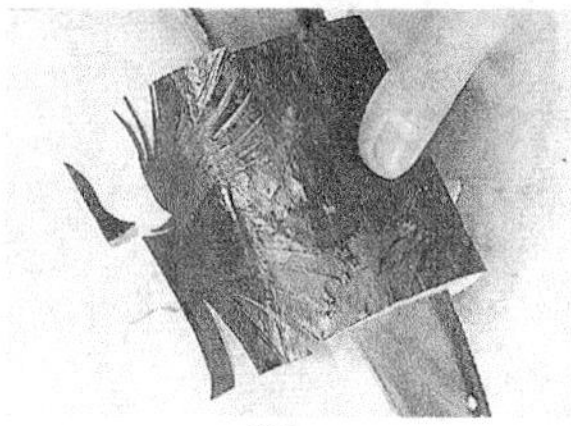

①

②

③

2. 用途举例

可作菜肴的简易围边，既方便实用又能提升菜肴的档次。

二、任务重点及难点

根据原料的性质进行处理，使之适应实际操作的需要。

任务单四　平面竹子盘饰

一、示范讲解

1. 成形方法

（1）选取新鲜形直色深表皮光滑的黄瓜 1 根。

（2）在黄瓜表面刻上竹竿形，打成光面，用戳刀戳出竹节。再以雕刻刀在其表皮雕刻出更细致生动的纹路来。

（3）将雕刻好图案的黄瓜用雕刻刀取下黄瓜皮，除去废料，即形成竹竿（如图①）。

（4）再取带皮黄瓜，在表面雕刻出竹叶，一瓣的、两瓣的、三瓣的、四瓣的各数片。在每片竹叶上以雕刻刀雕刻出三条纹路（如图②）。

（5）黄瓜皮雕刻出小草及笋形，衬托形成完整的围边装饰（如图③）。

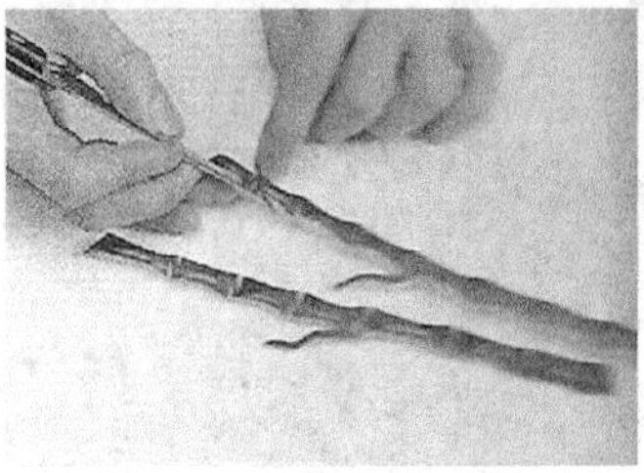

①

②

③

2. 用途举例

可作菜肴的简易围边，既方便实用又能提升菜肴的档次。

二、任务重点及难点

根据原料的性质进行处理，使之适应实际操作的需要。

项目四　水果雕切

任务单一　红蛇果的刀工处理

一、过程示范

1. 成形方法

（1）选择光滑圆润的红蛇果，将红蛇果竖向一切为二，再切“V”字形刀口，刀距要均匀，切到底部为止（如图①、图②）。

（2）推开成寿桃形（如图③）。

①

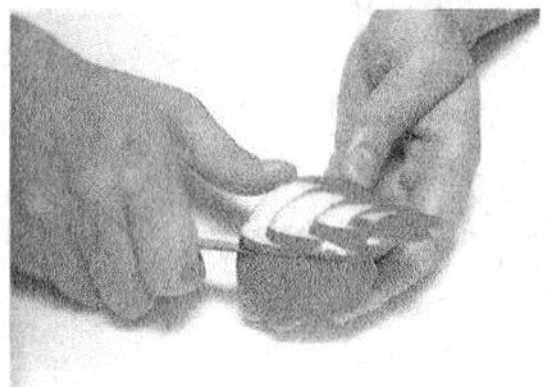

②

③

（3）红蛇果切成 6 等份或 8 等份，也可加工成花叶或花瓣形，在底瓣上雕刻出花叶状，作装饰。

2. 用途举例

用作水果拼盘，也可制作成小鸟形。

3. 加工要求

刀距宽窄、刀纹深浅、原料粗细程度都要一致。

二、任务重点及难点

掌握用刀的深度与密度。

任务单二　杧果的刀工处理

一、过程示范

1. 成形方法

（1）杧果洗净，横放，紧贴果核部位下刀，批出一半净肉，同法批出另一半净肉（如图①、图②）。

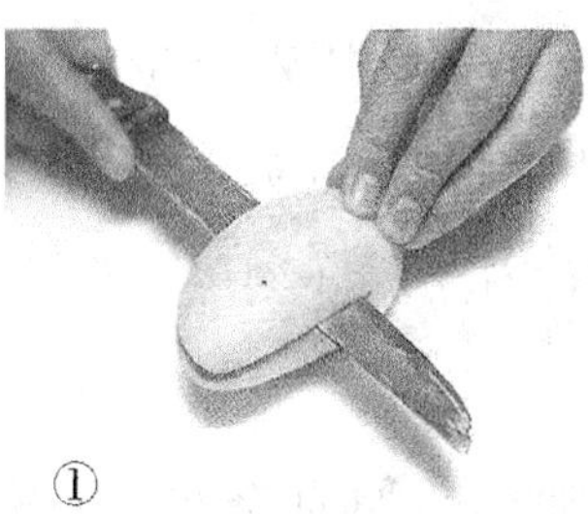

①

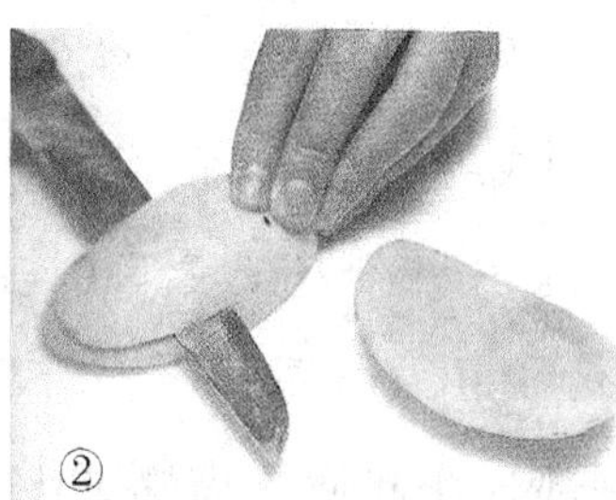

②

（2）用刀在杧果净肉上剞上花刀，不划断有皮的一面（如图③）。

（3）稍一卷曲即成花状（如图④）。

2. 用途举例

用作水果拼盘，也可配合其他水果，如梨、苹果等原料制作水果大拼盘（如图⑤）。

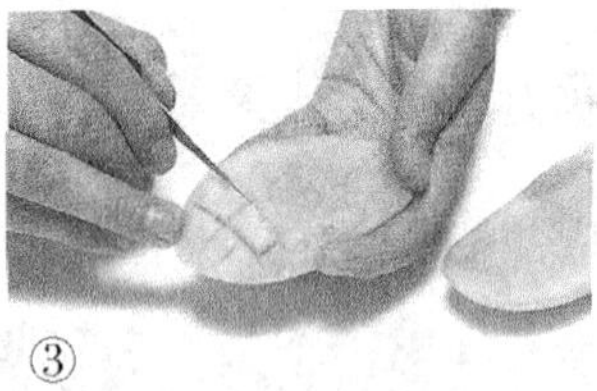

③

④

⑤

3. 加工要求

刀距宽窄、刀纹深浅、原料粗细程度都要一致。

二、任务重点及难点

掌握用刀的深度与密度。

项目五　综合雕刻

任务单　彩蝶缤纷

一、过程示范

1. 成形方法

（1）将圆萝卜刮去外皮，用刀将圆萝卜头部平切去一部分，使之呈平面，中间立刀切下，切成约 0.2cm 厚的形似半圆的夹刀片（如图①）。将其中一片从中分开（如图②）。用雕刻刀在底部相连的位置上先雕刻出一小条蝴蝶的触须，再将整个蝴蝶形雕刻出（如图③）。

（2）将触须部分托起插在蝴蝶翼中，使触须伸向前方，而两翼自然张开

（如图④），然后把雕刻好的蝴蝶放入清水中浸泡备用（如图⑤）。

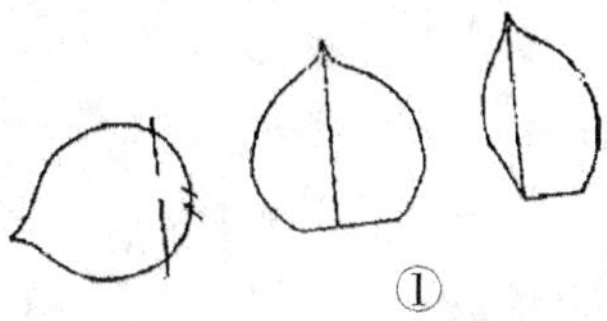

①

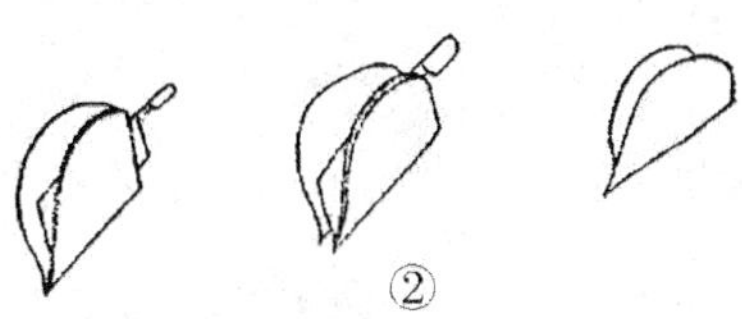

②

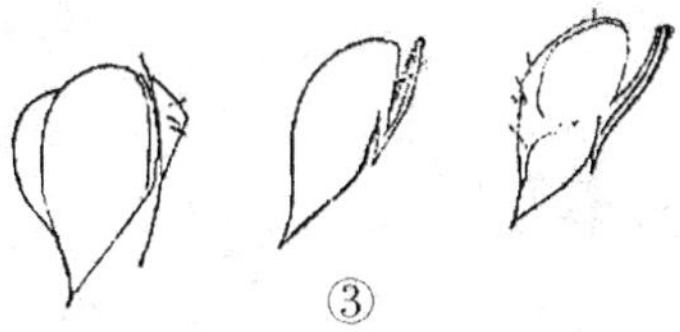

③

④

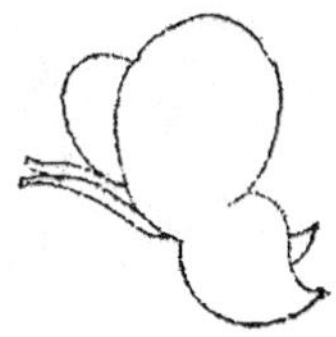

⑤

2. 用途举例

整体装盘，将每只雕刻好的蝴蝶用牙签插在盘内的底座上（底座可用其他萝卜），再适当点缀即成。

二、任务重点及难点

掌握雕刻彩蝶缤纷的成形方法。

单元五　面点制作

项目一　面点基本功

任务单一　揉面搓条揪剂

面点基本功－揉面

一、过程示范

1. 制作工艺

（1）过筛的面粉置于干净的操作台上，围成塘坑。

（2）分次往塘坑中加水，与面粉混合，形成面絮。

（3）将所有的面絮揉成面团，饧放。

（4）将饧放的面团搓成条。

（5）将搓成条的面揪剂。

2. 操作要领

（1）和面时掺水的量要适当且要分次掺入。

（2）揉面的姿势要正确，应手腕着力，顺着一个方向揉制，面团揉好后要饧放。

（3）搓条时两手均匀地用力，用手掌推搓。

（4）揪剂时左手五指在剂条同侧，揪剂的瞬间两手间不留空隙，动作干脆利落。

（5）做到“三光”，即手光、面光、台面光。

3. 成品要求

面团表面光滑、剂条粗细均匀、剂子大小一致。

二、任务重点及难点

掌握揉面搓条揪剂的操作技法。

任务单二　提花包

面点基本功－提花包

一、过程示范

1. 材料、工具准备

（1）面团750g、干面粉适量。

（2）擀面杖、刮板、带盖的餐具。

2. 制作工艺

（1）将面团搓成直径约为2.8cm的粗细均匀的剂条。

（2）分剂。

（3）制作面皮、制作馅。

（4）捏制提花包成形。

3. 操作要领

（1）制作的面皮要中间厚周边薄。

（2）捏制提花包成形时面皮置于左手的掌间与指根处，右手大拇指、食指和中指往上提捏面皮。

4. 成品要求

提花包大小一致，折纹清晰、疏密一致，造型美观。

二、任务重点及难点

掌握提花包的制作技法。

任务单三　月牙饺

一、过程示范

1. 材料、工具准备

（1）制作烫面团250g、干面粉适量。

（2）擀面杖、刮板。

2. 制作工艺

（1）将烫面团搓成直径约为2.5cm的粗细均匀的剂条。

（2）分剂、备馅、制作面皮。

（3）捏制月牙饺成形。

3. 操作要领

（1）面皮厚薄要一致。

（2）馅呈橄榄形，捏制月牙饺时馅置于面皮的前1/3处。

4. 成品要求

月牙饺大小一致，折纹深浅、疏密一致，造型美观。

二、任务重点及难点

掌握月牙饺的制作技法。

项目二　面点制作

任务单一　海绵蛋糕

面点制作－海绵蛋糕

一、过程示范

1. 原料准备

白砂糖 180g、鸡蛋 8 个、水 150g、蛋糕油 20～25g、泡打粉 5g、低筋粉（过筛的）300g、盐 3g、色拉油 100g、柠檬汁适量。

2. 工具准备

搅拌桶、搅拌器、烤盘、烤箱、蛋糕纸。

3. 制作工艺

（1）将白砂糖、打好的鸡蛋置于干净的搅拌桶里，用搅拌器慢慢地打发至糖溶化。

（2）往搅拌桶里加入水、蛋糕油、泡打粉、低筋粉（过筛的），继续用搅拌器打发 3～5 分钟。

（3）再加入盐、色拉油，用搅拌器慢打 2 分钟。

（4）再加入柠檬汁，拌匀。

（5）将搅打好的原料倒入垫有蛋糕纸的烤盘。

（6）置于温度为 200℃/180℃ 的烤箱，烘烤 25 分钟即可。

4. 操作要领

（1）按制作工艺的顺序加入原料。

（2）把控好烘烤的温度、把控好烘烤的时间。

5. 成品要求

（1）色：金黄。

（2）香：自然香。

（3）味：甜度适中。

（4）形：内部气孔均匀、有弹性。

二、任务重点及难点

控制好烘烤的温度和时间。

任务单二　椰香饼干

面点制作－椰香饼干

一、过程示范

1. 原料准备

酥油 180g、色拉油 120g、糖粉 140g、盐 2g、鸡蛋 1 个、吉士粉 100g、椰丝 130～150g、果仁碎 75g、低筋粉（过筛的）250g。

2. 工具准备

搅拌桶、搅拌器、刮板、烤盘、烤箱。

3. 制作工艺

（1）将酥油、色拉油、糖粉、盐置于干净的搅拌桶中，用搅拌器搅打至发白。

（2）往搅拌桶中打入鸡蛋，用搅拌器继续搅打 3 分钟。

（3）取出搅打好的原料置于干净的操作台上，依次往其中加入吉士粉、椰丝、果仁碎、低筋粉（过筛的），且边加入边叠压、饧放。

（4）将叠压、饧放好的原料分割成若干个 6～8g 的扁平形圆球体。

（5）将扁平形圆球体置于刷了油的干净烤盘中，保持其间距，在温度为 180℃/150℃的烤箱中烘烤至表面金黄。

4. 操作要领

（1）酥油、色拉油、糖粉要混合均匀。

（2）用叠压法加入粉料。

（3）扁平形圆球体尽量保持形态大小一致。

5. 成品要求

内质酥松、表面金黄、椰香浓郁、成品饼干形态大小一致。

二、任务重点及难点

掌握椰香饼干的制作技法。

附录　实操相关要求

一、操作准备

（1）将全体学生分成若干个训练小组，每个训练小组选出一名小组长，组员列队，小组长检查工作服的穿戴情况。

（2）准备相关的操作工具。

二、教师示范

（1）教师进行示范、讲解、分析（也可通过视频形式演示），让学生观摩。

（2）教师强调操作中的重点及难点，提出学生操作应达到的具体标准。

三、学生训练

（1）同组练习：互相观察，纠正错误。

（2）个人练习：体会姿势，纠正错误。

（3）教师根据学生的操作情况进行巡回指导，调整操作方法。

四、卫生清场

（1）每组的小组长带领小组清场，保持环境卫生。

（2）要求打扫干净、工具还原并保持整洁。

五、实操评价

（1）小组实操完成情况评价。

（2）小组组员个人实操完成情况评价。

（3）根据评价范围将考核情况填入“小组实操完成情况评价表”（表 1）或“小组组员个人实操完成情况评价表”（表 2）中。

表 1　　小组实操完成情况评价表（总分 100，单项分值可自定义）

内容	组别						
	第一组	第二组	第三组	第四组	第五组	第六组	……
1. 明确实操要求							
2. 完成实操							
3. 交流合作							
综合评价							

表 2　　小组组员个人实操完成情况评价表（总分 100，单项分值可自定义）

内容	第（　　）组				
	组员 1	组员 2	组员 3	组员 4	……
1. 明确实操要求					
2. 完成实操					
3. 交流合作					
综合评价					

六、实操评价内容

1. 明确实操要求

（1）掌握并能讲述过程示范操作要领及具体的操作方法。

（2）能讲述制作菜肴所需要的原料及分量。

（3）操作过程中遇到问题能主动向教师提问。

2. 完成实操

（1）运用基础知识进行操作，操作过程规范、手法正确。

（2）准备工作充分，收尾工作彻底。

（3）在保证质量的基础上加快速度。

3. 交流合作

（1）具有小组团队意识、交流合作意识。

（2）服从教师和小组长的安排，虚心学习求教。

（3）积极主动分享学习经验并帮助全体组员共同提高。